浙江省普通高校"十三五"新形态教材
高等院校艺术设计类"十四五"新形态特色教材

# 概念设计
## ——环境设计创新教学实验

杨小军　叶湄　编著

微课
视频版

中国水利水电出版社
www.waterpub.com.cn
·北京·

## 内 容 提 要

面对新的社会发展背景和环境设计专业发展趋向，本书系统阐释了空间环境概念设计的定义、特征、方法及评估，对各相关理论知识加以总结、归纳、转化成相对应的"知识单元"，分为概念设计课程概述、设计选题与体察、设计概念与解析、设计创新与拓展四个知识单元，打破以往课程"知识"线性授课模式，重视以逻辑关系为主导的设计思维与方法培养，拓宽以生活发现为主导的问题意识探寻。

本书可作为高等院校环境设计、艺术与科技、工业设计等专业学生的教材使用，也可为相关领域的从业人员、教研人员提供有益的参考和帮助。

## 图书在版编目（ＣＩＰ）数据

概念设计：环境设计创新教学实验 / 杨小军，叶湄编著. -- 北京：中国水利水电出版社，2023.6
浙江省普通高校"十三五"新形态教材　高等院校艺术设计类"十四五"新形态特色教材
ISBN 978-7-5226-1575-2

Ⅰ．①概… Ⅱ．①杨… ②叶… Ⅲ．①环境设计－高等学校－教材 Ⅳ．①TU-856

中国国家版本馆CIP数据核字(2023)第112394号

| | |
|---|---|
| 书　　名 | 浙江省普通高校"十三五"新形态教材<br>高等院校艺术设计类"十四五"新形态特色教材<br>**概念设计——环境设计创新教学实验**<br>GAINIAN SHEJI——HUANJING SHEJI CHUANGXIN JIAOXUE SHIYAN |
| 作　　者 | 杨小军　叶　湄　编著 |
| 出版发行 | 中国水利水电出版社<br>（北京市海淀区玉渊潭南路 1 号 D 座　　100038）<br>网址：www.waterpub.com.cn<br>E-mail：sales@mwr.gov.cn<br>电话：(010) 68545888（营销中心） |
| 经　　售 | 北京科水图书销售有限公司<br>电话：(010) 68545874、63202643<br>全国各地新华书店和相关出版物销售网点 |
| 排　　版 | 中国水利水电出版社微机排版中心 |
| 印　　刷 | 清淞永业（天津）印刷有限公司 |
| 规　　格 | 210mm×285mm　16 开本　10 印张　292 千字 |
| 版　　次 | 2023 年 6 月第 1 版　2023 年 6 月第 1 次印刷 |
| 印　　数 | 0001—2000 册 |
| 定　　价 | **58.00 元** |

# 前言

概念设计是环境设计专业的一门核心课程，旨在以问题为导向，从环境设计学科和专业视角出发，强调设计的创新推演方法，以定量分析与定性评价相结合的逻辑思考方式，开展发现、分析、解决相关社会问题的设计策略与方法训练，具有训练学生将理论知识转化为解决问题能力的重要作用。

从体察、解析到设计创新，是概念设计课程的主要过程，其最终完成的设计成果当然重要，但对学生而言，行之有效的设计策略比设计结果更加重要。在课程设计中引导和鼓励学生对现实问题的探索，以及提升思考和解决问题的思维能力，是概念设计课程的关键。同时，过程评价也是对学生课程教学的重要评价标准之一。

本教材针对环境设计专业在新时代发展语境中的实际需求，依据环境设计专业人才培养目标、知识结构及开展设计研究必须掌握的基本素质与能力而编写。教材的编写力图打破以往课程"知识"线性授课模式，重视以逻辑关系为主导的设计方法培养，拓宽以生活发现为主导的问题意识探寻。教材对各理论知识加以总结、归纳、转化成相对应的"知识单元"，分别从概念设计课程概述、设计选题与体察、设计概念与解析、设计创新与拓展、优秀教学案例解析等角度进行讲解，并配以相关的实例进行说明。目的是通过对空间环境概念设计的讲解与学习，使学生能改变固有"看"问题的视角，学会对设计"关系"进行研究，并以设计的方式解决实际问题，而非仅仅局限于对空间环境视觉效果的设计与追求。因此，我们提出概念设计的核心是观念，概念设计的方法是推演，概念设计的指向是逻辑。

在教材框架设计中，为努力突出教材的桥梁作用，突出教材具有理论结合实践的普适性和可操作性，突出教材的编写结构与课程设计、教学形态的紧密结合，力求做到概念精准、重难点突出、案例典型、形式新颖。希望本书可以为环境设计领域的专业人员、教师、学生以及对环境设计专业有浓厚兴趣的自学者提供有益的参考和帮助。

本教材写作过程中，得到了浙江理工大学艺术与设计学院、科技与艺术学院环境设计专业师生的支持与配合，在此一并表示感谢。特别感谢中国水利水电出版社的大力支持与帮助！在本书的写作过程中，参考和借鉴了大量资料，在此对这些专家、作者表示诚挚的敬意与深深的谢意！由于编者水平有限，对书中的不当之处，敬望专家、读者批评指正。

杨小军

2023 年 2 月于浙江理工大学

# 课程内容与建议课时安排

| 知识单元 | 课程版块 | 节 | 课程内容 | 学时 |
|---|---|---|---|---|
| 知识单元1 | 概念设计课程概述<br>（8课时） | 1.1 | 课程解析 | 2 |
| | | 1.2 | 概念设计基本认知 | 3 |
| | | 1.3 | 环境设计中的概念设计 | 3 |
| 知识单元2 | 设计选题与体察<br>（16课时） | 2.1 | 设计选题 | 4 |
| | | 2.2 | 设计团队 | 4 |
| | | 2.3 | 设计体察 | 8 |
| 知识单元3 | 设计概念与解析<br>（24课时） | 3.1 | 设计定位 | 4 |
| | | 3.2 | 设计思维 | 8 |
| | | 3.3 | 设计方法 | 12 |
| 知识单元4 | 设计创新与拓展<br>（24课时） | 4.1 | 设计构思 | 8 |
| | | 4.2 | 设计展开 | 12 |
| | | 4.3 | 设计评估 | 4 |
| | | | 优秀教学案例解析 | |

# 目录

# 知识单元 1
# 概念设计课程概述

● 学习目的及要求

通过本知识单元的讲解与学习，使学生充分理解概念设计课程的属性、架构与意义，引导学生不仅要关注环境设计的专业知识，同时还需了解工程技术、社会人文、艺术历史、市场管理等各领域的知识，使学生建立以环境意识出发的环境设计观，使其以后进入专业领域仍具有可持续发展的动力和后劲。

面对信息时代到来引起的科技、经济、文化及环境的变化，以及环境设计活动的复杂性和综合性进一步加强的社会背景，引导学生认识到需要有一个超越以往的新的设计观念、思考和方法，以设计创新的思维与动机，提出对当下及未来生活的全新答案，从而培养学生解决多种复杂问题与矛盾的综合能力。

● 实践内容

围绕设计如何应对与解决社会问题、设计师的社会责任等专题展开课堂讨论。

## 1.1　课程解析

"学而不思则罔，思而不学则殆。"罔，即迷惑而无所得；殆，即精神疲倦而无所得。学习既要动心动脑思考，又要动手操作练习，动手可以锻炼头脑灵活，动脑可以促使手脚动作。

### 1.1.1　课程属性

设计的本质是有效地解决问题，是一个有目的地追求合理结果的过程。设计教学要培养和训练学生在"想法""方法"和"技法"三个层面的能力，既要训练学生的"手作"，又要注重学生的"心悟"，形成心手并重的设计教学观。而概念设计则是一个集设计理论、方法、思维及技能为一体的系统设计教学实践（如图 1-1）。

当前，国内大部分设计院校的环境设计专业课程可概括为"基本设计"和"专业设计"两类。基本设计是专业基础课程，如设计制图、设计表现、设计初步等，侧重于"技法"层面的教学与训练；专业设计按设计项目属性大致分为居住空间设计、办公空间设计、商业空间设计、庭园设计、公园设计、广场设计等，侧重于

微课视频

课程概述

图 1-1 学习设计三要素

"方法"层面的教学与训练（如图 1-2、图 1-3）。而在这两类课程教学中，往往缺失"想法"层面的教学与引导。概念设计课程既不属于传统的基本设计范畴，又不属于专业设计范畴，而是一种侧重对设计观念、设计逻辑等"想法"层面的教学与训练。应该说，概念设计是一门方法论的课程，引导学生如何感性地观察和发现问题，又如何理性地思考和推理问题，探求解决问题的思路和手段，为学生开辟设计思辨的"园地"。总体而言，概念设计课程的主要目的是训练学生如何发现问题，并找出解决问题的途径，侧重于设计前期的研究，其后期发展训练由其他设计课程完成。

图 1-2 景观设计

图 1-3 室内设计

随着人类社会的发展和进步，设计已逐渐成为与人们的生产、生活、生态紧密相关的重要组成部分。尤其是随着社会环境的变化、市场需求的深入以及设计内涵的拓展，对设计教育提出了更高的要求与标准，因而综合性、研究型的设计人才培养才能符合未来社会发展需求。环境设计专业教育教学任务同样任重而道远，如何与市场、社会、时代接轨是现今环境设计专业教学中面临的首要问题。面对新的时代发展背景对环境设计教育教学提出的新要求，环境设计专业理应做出积极应对，而课程教学作为专业人才培养的首要环节就显得尤为重要（如图 1-4）。概念设计作为一门突破传统教学模式的创新性课程，需要思考与厘清以下几个基本问题：

（1）概念设计课程教学理念如何建构？

（2）概念设计课程教学目标如何设定？

（3）概念设计课程知识模块如何组织？

（4）概念设计课程教学内容、教学环境、辅助设备如何设计？

（5）概念设计教学方法手段如何实施？

（6）概念设计教学过程与效果如何量化？

（7）教学成果如何呈现对当下问题的积极反应？

（8）教学成果如何客观评价？

这些问题实际上就构成了概念设计课程的基本框架，本书将对这些问题进行一一解析与实践。值得注意的是，在解答上述主要问题的同时，应当充分考虑课程中理论教学与设计实践

图 1-4 概念设计课程训练

之间的配比关系。由于设计专业课程安排大多为"块块"课，加之课时数有限，为充分考量授课模式和教学质量，故概念设计课程的理论讲授课时不宜超过课程总课时的 50％，同时不宜低于课程的 30％。除理论授课外，学生自主学习也应当是课程中的一部分，授课与自主学习的总时间一般占用整个课程的 50％ 左右是比较合适的。其余时间应安排分阶段设计时间，并针对每一个设计阶段有相应的总结与汇报，以保证课程的顺利进行。

## 1.1.2　课程架构

科技进步、经济发展、文化演变、城乡融合等社会模式的深刻变化，极大地影响着人们的生活方式、思维方式、价值观念等。人类进入全新的时代，原本重视宏大的、功能的物质设计已经无法满足人的多样化需求，进而使得设计向着重视人类生活的、精神与心理的方向发展（如图 1-5、图 1-6）。社会及行业对设计专业人才规格与质量提出了新的要求，设计师对设计过程和结果的控制日益超出个人能力所及的范围，使得环境设计活动的复杂性和综合性进一步加强。面对新的时代转变与挑战，环境设计教育教学必须转变思路，必须及时构建有针对性的课程模式与之相适应，而概念设计课程就是一种适时适当适合的教改实践和探索过程。

图 1-5　宏大的城市景观设计

概念设计在课程教学层面可以理解为"概念"＋"设计"。前者重视的是对理论知识、专业发展及设计问题等的系统认知，侧重对学生逻辑思维的培养；后者重视的是针对目标基地、受众对象等进行有计划的设计实践，侧重对学生实践能力的培养。概念设计的课程性质，要求学生需对当下社会背景有充分认识与了解，对学科专业理论知识的深刻理解，对创新设计程序与方法的正确运用。概念设计课程组织就是要将逻辑思维与实践能力相互结合，使得学生在充分梳理、提炼具体设计背景的基础上对具体设计对象进行系统地组织与探索。总体而言，概念设计的核心是观念，概念设计的方法是推演，概念设计的指向是逻辑。

概念设计课程授课内容主要包括概念设计课程概述、设计选题与体察、设计概念与解析、设计创新与拓展四部分内容，也是概念设计教学与实践的三阶段，力图体现设计教学由感性（体察与实验）到理性（思辨与推理）、由观念（观点理念）到建构（空间设计）、由无形（抽象概念）到有形（具象空间）、由"有法"到"无

图1-6 关注人们日常生活的设计

法"的过程。整个内容和过程贯穿着发散、逻辑的思维模式,既相互融合,也各自独立。第一阶段:训练与提升学生的设计田野调查方法与能力,学生用草图、草模、照片等描述调研结果,同时确定问题;第二阶段:训练与提升学生的设计实验实践方法与能力,学生用思维导图、设计草模或其他辅助材料来表达设计逻辑推演过程与结果;第三阶段:训练与提升学生的设计组织与表达能力,学生通过计算机辅助设计建模和手工模型、设计图版来研究表达设计成果。

基于此,本书在课程主体内容的基础上再增设优秀教学案例赏析板块,通过对优秀教学设计案例的赏析对前四章的内容进行串联,以加深对各部分内容的理解,从而形成一个有效的课程逻辑架构。

### 1.1.3 课程意义

一是基于课程的直接性。概念设计课程是基于特定的社会发展趋势或专业设计问题,展开设计调查与研究,在一定程度上有助于学生通过对某个环境设计课题的深入了解,初步建立对该课题的专门性知识体系,提高对某个专题的综合研究和设计能力。例如,学生针对养老问题进行概念设计,首先要调查研究当下老龄化社会背景以及养老环境的现状、背景、诉求及未来发展趋势等,发现其中的痛点和问题,研究设计方案的可行性与价值;其次需要通过检索和分析基础数据,进一步研究国内外关于养老问题的前沿理论,分析相关典型设计案例,建立充分的理论依据。除此之外,还需要广泛涉猎与之相关的知识,寻找特殊的思考角度。只有在这样的基础之上才能进行下一步的设计推进。例如,设计过程中需要系统研究和关注老年人的物质需要与情感诉求有哪些;什么样的养老方式会更加适合中国人的生活方式;什么尺度的设施才是最适合老年的使用,等等。因此,通过概念设计课程的学习与实践,可以有效提高环境设计专业学生综合性、研究性、创新性能力,进一步加强对知识体系建立的意识,加深对专业设计的认识与理解,进一步形成一个重要的研究方向。

二是基于专业的必要性。从环境设计专业角度来说,环境设计是一门面向生态文明建设的引领性、交叉性学科专业，除涉及建筑学、城乡规划学、风景园林学、人类工程学等专业学科知识之外，还涵盖工程技术、社会人文、市场管理、艺术历史与理论等领域知识。而在一般的课程学习中，学生较少会对专业外的知识领域加以涉猎。从另外一个角度来说，设计之所以会在进入工业时代以后就开始逐步从艺术中分离出来，正是因为工业革命打开了消费市场，设计必须要面对市场，这是设计与艺术明显的区分点。设计师要懂得市场，就不能只埋头于艺术而不懂科学技术。概念设计则要鼓励学生从发现和分析市场需求开始，进行一系列有组织、有目标的设计活动，这也是一个了解市场的过程。因此，开设概念设计这类创新课程的意义和必要性是显而易见的。通过概念设计课程的学习，不仅可以使学生掌握环境设计的专业理论知识，更能促进学生建立起跨界与融合意识，获取与接收专业以外的知识信息，并与自身专业产生联系，以获得更为扎实的基础知识与对信息的判断与联想能力，帮助学生提升解决多种要求之间矛盾的能力。

　　三是基于社会的延展性。概念设计是基于社会背景的设计活动，是为了满足人们的物质或精神需求所进行的设计活动，同时也是挖掘和探索未来人类需求的设计行为，具有创造性、前瞻性、实验性等特点，更加强调开放性的思想体系。这就要求学生不仅要关注与思考设计本身，更要关注社会、文化、生活的过去、现在和将来，以开放的心态随时学习新知识和新思路，从广泛的意义层面上审视和应对不断变化的新知识和新问题。通过概念设计课程学习，学生至少可以建立两点意识：一是对社会热点问题的关注意识；二是团队的合作意识。关注社会热点，对于学习和从事设计的人来说尤为重要，社会热点可以反映出很多现实问题，这些现实问题将成为设计灵感的来源和依据。缺乏对社会的认识，容易导致设计脱离现实，成为一种想象而不是设计。另外，在社会快速发展过程中，设计已经越来越难以被一个人或一个专业所掌握。在未来，设计必定向着合作、跨界的方向发展，这就需要学生及早地建立设计团队合作意识与协作能力，为将来的学习与工作打下良好的基础。

## 1.1.4　思考与结论

　　（1）概念设计的核心是观念。从当下高等设计教育的大环境来看，传统的设计教学模式在新的时代发展背景和设计教育过程中逐渐显露出一些弊端。例如，当学生在应对实际设计工作时，运用在学校所学习到的知识会感到力不从心，甚至根本无从下手，这就是设计教育与社会行业对人才需求衔接不够所致。因此，思考设计教育导向与人才素质间的关系尤为重要。"授之以鱼，不如授之以渔"的道理很简单，较之传统的设计教育中对知识与技能的传授，当代设计教育更要强调的是观念性、思维性问题的引导与训练。体现在课程教学中是需要更多类似于概念设计这样的创新课程对其加以完善和补充，增强学校教学与社会、市场之间的联系，避免学校人才培养与社会、市场实际需要存在错位的现象。

　　（2）概念设计的方法是推演。从概念设计课程的创新思维引导性质来看，概念设计课程的开设，在一定程度上打破了传统课程的"常态"。课程更为重视对学生设计意识的培养，注重培养学生善于体悟生活的习惯与能力，重视培养学生从生活体会中提出问题、分析问题并能解决问题的逻辑思维与能力，引导学生能从事物的不同侧面看待和处理问题，重视学生开放性思维与创新性思维的培养，努力实现高质量设计人才的培养。

　　（3）概念设计的指向是逻辑。从概念设计课程的教学实践来说，无论教学方式如何转变，学生思想如何解放，概念如何创新都不等同于概念设计课程允许学生毫无逻辑的"奇思怪想"。概念设计课程的意义在于它是驯服野马的"缰绳"，课程中概念的"扩张"与最终成果的"收缩"是一个相互作用、相互影响的过程，适当引导概念设计的落地性和可实施性。因此，"适度"的把握是整个课程最终成效的关键所在。

# 1.2 概念设计基本认知

## 1.2.1 概念的定义

《现代汉语词典》中对"概念"的解释为:"是与具体的客观现象事物相对而言的,反映客观事物一般的、本质的特征的思维形式之一。"广义的"概念"是人类在认识事物的过程中,通过实践从感性认识上升到理性认识,把所感知的事物的共同本质特点抽象出来,加以概括形成概念。如从白马、白雪、白鸽等事物中抽出来共同特点,就得出"白"的概念(如图1-7);狭义的"概念"是一部分人对于一件事物的共同认知,或一个人对某件事物持有的特殊认识或观念。从字义上来看,"概"有归纳、总结和提取之意;"念"有思维、想法和意念之意。合并起来则是把对事物的思维或想法加以归纳、提取形成概念。

图1-7 概念形成——白鸽、白马、白雪

从不同的学科领域来看,现代传媒及心理学认为:"概念是人对能代表某种事物或发展过程的特点及意义所形成的思维结论,能够反映事物的表征以及受众心理。"设计学则认为:"概念是一件设计作品的总体思想核心,具有引导整个设计后续发展与实践的重要作用。"准确的概念是设计工作顺利推进的基本要素,也是引导设计走向正确方向的关键点。对于设计而言,概念的形成至关重要,其不仅是设计师表达设计意图的表现手段,也是设计师记录设计思维的主要媒介,还是设计师传达设计构思的视觉语言。

通常,概念需要某一特定的介质得以传达。我们生活周边的日常事物都可能成为概念形成的刺激源和概念介质。概念介质还可能是一个事件或词组,如:数码、信息、生态、表皮、拼贴、透明、动态、实验、协同、共享、图解、装置、亲水、解构、文脉、节能、体量、阶层、语境、社区、群体、行为、消费、材料、肌理、经济、品牌、社会、高密度、高技术、批判性、地域性、非线性、标识性、地域性……这些看似无联系的概念词组应用在设计中,可能会产生多种不同的解释并成为设计的概念来源。

## 1.2.2 概念的特质

通常来说,概念可以是某种构思想法的感性显现,也可以是某种传统文化的理性表述。概念的形成是一个极其错综复杂的过程,具有较多的不确定性和可能性。具体可归纳出以下几点特质:

(1)概念的抽象性和具象性。

抽象性和具象性这对特性存在于概念自身的内外关系之中。概念的内涵是抽象的,它所反映的是事物的特有或共有属性。如前文中所提到的白马、白雪、白鸽的例子,"白"就是概念内涵,它是对白色物体的一种抽象概括。而白马、白雪、白鸽则是具体的，是概念的外延，是由"白"这个概念扩展出了具体事物。在概念的内涵和外延的关系当中，如果把内涵比作是一颗种子的话，那么外延就是这颗种子生长出的果实。

（2）概念的概括性和原始性。

概括性与原始性的发展方向是截然相反的。概念的概括性可以理解为是将不同的事物根据其共同特性概括成一个体系。例如，颜色、气味、形态皆不相同的开放在桃树上的花，可以概括统称为桃花。桃花、梨花、桂花又可以概括统称为花，花、叶、果实根据其生物功能的共同特性，又可以概括为植物的生殖器官。这就可以清晰看出，概念的概括性层层递进，可以不断扩大人的认知范围。概念的原始性则是将概念当作事物发展的本原，是一个开始。一个概念的衍生物全部由它而来，且变幻莫测，这是一个从小到大的过程。概念在这两个发展过程中不断推延，最终形成了极为丰富的变化。

（3）概念是通过对具体问题分析产生的。

概念是思维抽象的过程，这个过程需要复杂而严谨的推敲与分析。概念需要与具体问题相适合，否则极有可能无法表达清晰的意思或者产生误解。通常来说，具体问题中所含有的信息量都非常大，提取概念需要逐步剥离无用的信息材料，对有价值的信息进行具体分析。例如，需要对学生宿舍区滨水环境进行改造，那么就要对滨水环境的辐射范围进行分析，对使用该空间环境的学生、宿舍管理员、校外人员等可能出现的人群及他们之间的关系进行系统分析，以及该空间一天中人流量的分布情况等。在有了这些分析成果之后，所得出的概念才是有效、合理的。

（4）概念是需要持续演化和不断延展的。

以辩证的视角来看，事物的发展都是按照螺旋式上升、波浪式前进的趋势进行的。概念需要不断地持续演化和延展，同一个概念如果应用在不同环境中或针对不同人群，那么所产生的结果也会不一样。能够随着事物的发展而不断产生变化的概念才具有生命力，没有延展和演化的概念是虚假的概念。以屋顶花园设计为例，首先可以提出诸如"美丽的屋顶花园"的概念，但"美丽"是一个抽象的、不具备操作性的词汇，如果只停留在此就不具有实际意义了，因而需要对"美丽"进行深一步的界定与拓展，可以延展提出诸如"充满鲜花的美丽屋顶花园""开放式的美丽屋顶花园"等概念。因此，概念的有效推进需要持续演化和不断延展，需要对基础概念做进一步的深化与拓展，进而推动设计的前进步伐。

## 1.2.3　概念设计的含义

概念设计最早由德国学者 G. Pahl 和 W. Beitz 在 1984 年出版的 *Engineer Design*（《工程设计》）中提出并进行了定义，认为概念设计是在确定设计任务之后，通过抽象化的方式寻找解决问题的适当途径，并最终得出解决方案的一种设计方式。这个过程可以概括为三个步骤：一是通过市场调研和系统研究，明确并具象的描述设计需要；二是以抽象化的概念作为设计核心，寻求实际问题的解决途径；三是立足概念演变的规律，得出解决问题的方案并为设计决策。G. Pahl 和 W. Beitz 提出的这套设计方法后被广大设计师所使用，并为现代设计师的设计工作建立起了一套功能良好的设计逻辑体系。

概念设计的关键在于概念的提出与运用，具体包括设计策划准备、技术分析及可行性论证、文化意义的思考、地域特征的研究、客户及市场调研、空间形式的理解、设计概念的提出与讨论、设计概念的演变与表达、概念设计的评审等诸多方面。在这个过程中我们不仅强调设计过程的研究，而且需要把其他学科领域里的理论和实验引入到概念设计中来。简而言之，概念设计即是利用概念并以其为主线贯穿全部设计过程的设计类型与方法，是一种哲学和思维层面的设计方法，它是以设计者的思维方式、文化修养为基础，应用特定的逻辑和语言对设计对象的内涵进行描述和表达，并在受众的大脑中产生与设计者预期一致的反应的一种设计方法。

通常，根据专业或行业的不同，概念设计可分为产品概念设计、视觉概念设计、空间概念设计、游戏概念设计、建筑概念设计等多种类型。不同的设计领域，概念设计的内涵和标准差异较大。如在工业设计领域，概念设计的目的是在产品开发前期对将来市场的新产品、新技术、新设计进行全方位的验证，提出新的功能和创意，探索解决问题的方案，并为将来新产品的设计、生产、宣传、销售做充分的准备。

另外，基于概念设计的目的和诉求不同，概念设计又可以有针对未来的前瞻性概念设计、表达特定主题和意图的专业设计两种理解。前者侧重于关注未来可能的需要和人们的潜在需求，是对未来生活方式的前瞻预测，在设计功能、形态、技术上进行大胆、前卫的探索，充分展现科技与设计结合的多种可能性，故在一定程度上发挥着一种设计风向标和先遣队作用，激起人们对未来的无限向往。后者则是设计师借由设计来表达对生活的关注、对时代的理解，通过缜密的思维和设计方法来体现或者表达一个特定的主题，这类概念设计不一定涉及未来技术，功能与形态也并不夸张，而侧重于对人的真实需求和社会可持续发展的关注。

## 1.2.4 概念设计的特征

(1) 前瞻性。

概念设计应当立足关注经济、环境、文化及技术等社会发展问题，并具有对未来的前瞻性考量。当下人类面临着城乡环境失衡、自然资源短缺、城市人口密集等社会问题，都是概念设计需要探索的主要方向，值得设计师通过概念设计对其进行积极的解答。同时，设计师需要对现有用户需求有极为充分的了解，需要从不同的角度进行思考与体察，才能发现旁人没有发现过的问题。当然，设计前瞻性必须始终保持在一个范围当中，若设计者的超前意识已经完全超过了时代生产力的发展水平，那也就打破概念设计所能承受的范围了。

(2) 科学性。

概念设计要符合概念自身的本质和规律的原则，具有充分的理据性和合理性。概念设计需要通过系统全面的调研，分析试验、研判总结得出结论，符合经济社会发展规律和水平、人的思想意识和生活方式等。同时，概念设计科学性特征强调概念的推演和确定要以科学实践、反复论证的客观规律为基础。

(3) 创造性。

概念设计的重要特征是创新，既强调以独特的视角探索设计的无限可能性和个性，又要能体现设计的驱动力和竞争力。通常，创造性是判断一个设计项目是否专业、是否可行、是否引领的重要属性。一个设计项目只有在充分的论证后，提出创新的概念和路径，才能保证或体现设计者的科学性和研究性，才能体现设计的核心价值和实践意义。

(4) 思辨性。

概念设计要关注日常生活和未来发展，要主动面向对文化传承创新、地域空间发展、生态环境维护、生活方式引导等问题，这就决定了其必须要突破传统固有的思维方式禁锢，强调以解决问题为根本的开放和拓展思维，要重视设计理论建构和逻辑辨析。因此，概念设计需要广泛吸纳和综合相关学科知识视野与思维方法，不断拓展设计思维和方法。

(5) 系统性。

概念设计的过程应该是一个闭环，强调每个过程均有感性的牵引和理性的推演，每个设计决策要充分考虑环境、文化、社会、经济、技术等效益，着眼于人与人、人与自然、人与社会的和谐平衡，关注设计全过程、全链路的闭环循环实施。

总体而言，概念设计在某种意义上可以被看作方法论层面上的设计思维训练，有时不在乎其方案是否可以实施，即使是针对一个实际不存在的目标，概念设计训练也是有意义的。概念设计课程开设主要是为了帮助学生开阔思路、启迪思维、激发灵感，拓展设计创新路径，在不受或较少受约束的情况下，最大限度地发挥想象力和创造力。

# 1.3　环境设计中的概念设计

## 1.3.1　环境设计专业扩展

1. 新时代设计理念衍变

2015 年 10 月 17—18 日，世界工业设计协会（ICSID）第 29 届年度代表大会宣布了“工业设计”的最新定义：“设计旨在引导创新、促发商业成功及提供更好质量的生活，是一种将策略性解决问题的过程应用于产品、系统、服务及体验的设计活动。它是一种跨学科的专业，将创新、技术、商业、研究及消费者紧密联系在一起，共同进行创造性活动，并将需解决的问题、提出的解决方案进行可视化，重新解构问题，并将其作为建立更好的产品、系统、服务、体验或商业网络的机会，提供新的价值以及竞争优势。设计是通过其输出物对社会、经济、环境及伦理方面问题的回应，旨在创造一个更好的世界。”世界设计组织（WDO）对“工业设计”概念的新界定，将设计使命置于人类大的行为之中。强调要从系统性的角度使设计从传统的专业分类里面摆脱出来，而走到一个更综合的领域中去（如图 1-8、图 1-9）。

| 年代 | 主题词 | 主要思潮 | 设计定位 |
| --- | --- | --- | --- |
| 1946—1960 | 功能、创造、风格 | 战后重建、功能主义、优良设计、国际主义风格及批判、公众趣味、商业设计、有机现代主义 | 创造风格 |
| 1961—1980 | 系统、多元、协作 | 专家批判、公众参与、社会公正、系统理论、控制理论、科学理性、设计方法论运动、无名设计、趣味性设计、波普艺术、高技术风格、人机工程、数理分析、遗产与环境 | 科技协作 人的理解 |
| 1981—1990 | 协调、意义、生态 | 理性批判、设计管理、简约主义、后现代主义、符号学、解构主义、绿色设计、生态设计、可持续发展 | 协调管理 |
| 1991—2000 | 全球化、战略、非物质 | 全球化、战略设计、沟通理论、品牌创造、非物质设计、高科技设计 | 创造体验 |
| 2001年至今 | 创新驱动、全球竞争、可持续 | 设计创新、知识经济、创意产业、全球竞争力、远景、可持续设计、产品服务体系 | 驱动创新 |

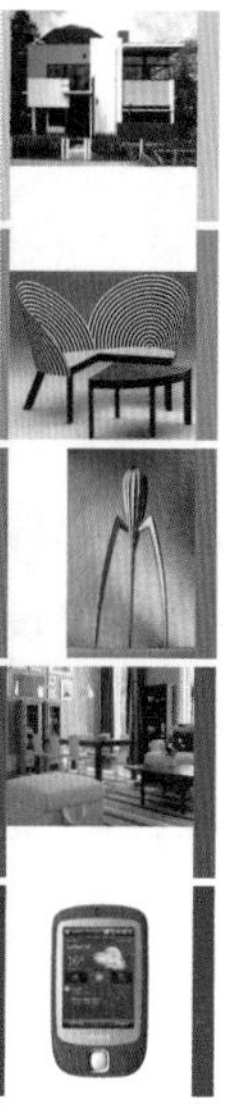

图 1-8　第二次世界大战后西方现代设计思想发展

随着高新技术的发展及其在设计领域的广泛深入，人类社会将迎来一个更加美好的新时代。人们开始关注环境及资源问题，人类社会的可持续发展成为一项极为紧迫的课题。新时代涌现出许多设计新理念、新观点，对概念设计也产生了深远的影响，概念设计必然在推进人类社会良性发展的过程中发挥重要作用。一般认为高新技术包括 6 大技术领域、12 项标志性技术和 9 个高技术产业。6 大技术领域指信息技术、生物技术、新材料技术、新能源技术、空间技术和海洋技术。其中，以光电子技术、人工智能为标志的信息技术，将成为 21 世

| 研究对象 | 核心观点 | 相关概念 | 设计重点 | |
|---|---|---|---|---|
| 物质的性质 | 工程师和技术主义者的观点 | 材料、结构、构造、形态、色彩、表面加工、装饰、肌理、功能 | 物质设计 | |
| 对象功能的可见性 | （被感知的）的形式预示的功能或功用 | 认知、精神、感官、功能、符号、经验、隐喻、指示、定式、编码、个性 | 意义设计 | |
| 人与对象的互动 | 表示人与对象相互影响的过程和方式 | 人机工程、界面设计、用户控制、活动经验、交互体验、环境行为、知觉、交往与空间 | 互动设计 | |
| 整体环境 | 每个设计都是对其所处环境的一种干涉 | 系统、文脉、历史、环境、空间、比例、尺度、意义、意象 | 关系设计 | |
| 生态系统 | 平衡的系统的组织 | 节能、减排、降耗、再利用、生命周期、生态平衡、环境应激 | 可持续设计 | |
| 未来生活方式 | 设计是在未来存在方式的一种选择 | 生活方式、体验、品牌、战略、知识经济、科技 | 生活方式设计 | |

图 1-9　现代设计研究领域

纪技术的前导；以基因工程、蛋白质工程为标志的生物技术，将成为 21 世纪技术的核心；以超导材料、人工定向设计为标志的新材料技术；以核能技术与太阳能技术为标志的新能源技术，将成为 21 世纪技术的支柱；以航天飞机、永久太空站为标志的空间技术，将成为 21 世纪技术的外向延伸；以深海采掘、海水利用为标志的海洋技术，将成为 21 世纪技术的内向拓展。

2. 环境设计专业定位

从广义上讲，环境设计是建立在现代环境艺术和环境科学研究基础之上，研究自然、人工和社会三类环境关系中以人的生存与安居为核心设计问题的新型交叉应用学科，并以设计致力于优化人类生存与居住环境整体实力的理论及方法研究为主旨（如图 1-10、图 1-11）。

从狭义上讲，环境设计具有理论研究与设计实践结合、环境体验与审美创造相结合的特征，在尊重自然环境、社会环境的完整性基础上，以人工环境中建筑为主体，在其内外空间综合运用艺术方法与工程技术，展开城乡景观、风景园林、建筑室内等微观环境设计。通常，按其空间环境的性质具体可分为景观设计和室内设计两个方面，不仅包括空间实体形态的布局营造，而且更重视人在时间状态下的行为环境的调节控制。

21 世纪是创新驱动、可持续发展为主题的时代，在设计日益成为社会文化进步和经济发展重要支撑的时代背景下，环境设计作为一个综合体现社会经济、文化、技术以及观念，并与人居环境息息相关的新型学科专业，融合众多自然科学和人文社会科学的边

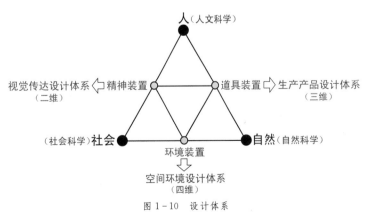

图 1-10　设计体系

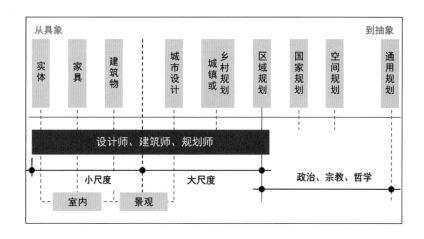

图 1-11　环境设计范畴

缘研究领域，涉及设计学、建筑学、艺术学、环境学、社会学、文化学及工程学等多学科的理论与实践，可以是一个面对生态文明建设主导下的宏观设计战略指导系统。具体从环境设计专业内涵发展与外延特征来看，其专业知识架构是以建筑学的基础理论知识为核心，涵盖人文社会科学、设计学、工程技术等相关学科领域的知识，构成学科专业基础平台，并形成室内设计、景观设计及相关衍生空间设计等特色方向，以空间建构和创意思维等训练为专业基本教学结构（如图 1-12～图 1-14）。

### 3. 环境设计专业发展

环境设计是一个反映中国设计学发展历程和独具中国特色的学科（专业）称谓。环境设计专业最早脱胎于工艺美术范畴的室内装饰，随后逐渐融入公共艺术、景观设计、建筑设计甚至城市设计的内容。其渊源最早可追溯至新中国为迎接中华人民共和国建国十周年的献礼工程，当时在北京兴建 10 大建筑后迫切需要室内装饰的专业人才。因此，由当时一批建筑界、美术界的专家学者，组建诞生了最早的室内装饰或建筑装饰专业，当时的专业认知还停留于工艺美术的初浅阶段。而后到 20 世纪 80 年代，

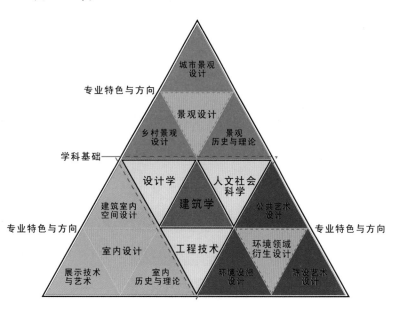

图 1-12　环境设计专业架构

专业逐渐扩充了建筑室外环境的内容。1988 年，当时的国家教育委员会正式将环境艺术设计作为室内装饰的拓展确定为高等普通高校目录。1998 年，国家调整普通高等学校专业目录，环境艺术设计成为一级学科艺术学、二级学科艺术设计下的专业方向。2011 年，国务院学位委员会、教育部联合发布《学位授予与人才培养学科目录》，将环境艺术设计变更为环境设计，成为艺术学门类下设计学类的一个独立专业。应该说，环境设计经过近四十年的融合、整理和发展，已经具备一定的规模和发展前景，也初步具备了学科体系的基本框架。

应该说，由环境艺术设计变更为环境设计是专业概念的扩展和专业要素的充实，即从以艺术观念为指导的设计转向以系统观念指导的设计。环境艺术设计的核心是以艺术的观念来指导具体空间环境的设计，是以视觉

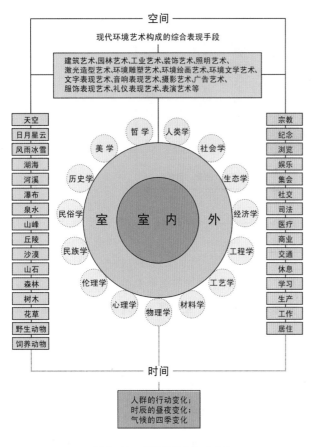

图 1-13　环境设计的构成系统

美感为主要要素的环境建构。而环境设计的内涵是在艺术观念指导的基础上走向以科学、艺术、伦理相结合的层次更高、内涵更深、外延更广的系统观念指导设计，已从过去关注物质环境的营造转向关注基于人与环境协调发展的系统设计，是有科技、文化、艺术等诸要素为引导与实现的环境建构。具体可概括为五个方面：①以人的"恰当"尺度为中心，研究人的行为特点，引导人的空间认知，改善人的应用需求；②以环境观念指导设计，考虑环境的归属性和认同感；③融时空、尺度和审美的目标导向进行系统设计；④通过对环境空间的设计，转达美感的信息；⑤要考虑到人类行动的多样性与审美趣味的多元性，并与之相适应。由此可见，与"环境设计"差别于"环境艺术设计"的重要特征是一种系统性大于艺术性，它更多考虑的是环境的科技性、文化性、美感等信息的建构与传递。从以上五方面来看，"环境艺术设计"侧重于第四和第五部分，与"环境设计"的关系是主干与分支的附属关系，而不是可以相互替代或彼此等同的概念。

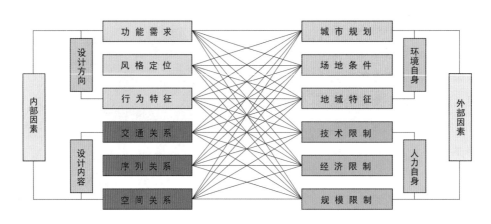

图 1-14　环境设计的有机整体

## 1.3.2　空间环境概念设计

正如前文所述，时代的发展和社会的变迁使得环境设计的内涵和外延都呈现出多样化的扩展态势，环境设计所涉及的领域已远远超出我们的预料，设计师所具备的知识能力和传统的职业经验只能应对其中极微小的一部分。而环境设计的实践也表明，它的观念性要远胜于技术性。因而，对传统设计教学理念与模式的创新与改革就显得至关重要。面对新的社会结构与时代变革，环境设计教学要打破固有壁垒，转变传统观念，要主动融合不同学科专业领域的知识，应该立足当下瞄准未来，寻求专业发展的方向和问题，以可持续发展的设计理念推动环境设计的创新与发展。环境设计教育教学应该从对物质设计的关注转向战略设计范畴，从专业设计走向整合设计，从基于单一专业思维逻辑走向基于可持续发展的多维开放思维逻辑（如图1-15）。

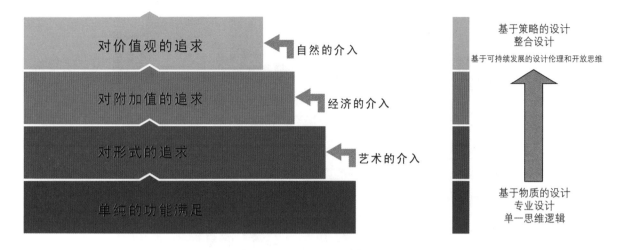

图1-15　设计内涵演变

环境设计专业教学应鼓励探讨新的设计概念与方向，以设计创新的思路和设计控制的逻辑，来关注与解决人类社会的真实问题，通过整合社会、人文、技术等相关学科的知识和方法，建立以设计应用为基础，以研究性合作教学为主导，以当下社会的前瞻性、概念性和典型性命题为导向，以解决和改善生活中基本问题为目标，展开贴近生活、关怀生活的多主题、多方向的空间环境概念设计探索与实践，促进学生关注社会、生活、文化等习惯和自主创新学习能力的形成（如图1-16、图1-17）。

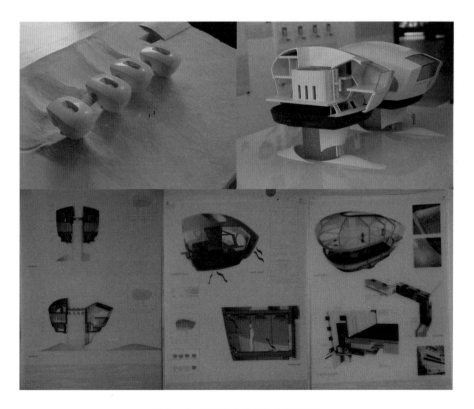

图1-16　德国学生的南极考察站设计

图 1-17 美国建筑学院的建筑概念设计

概念设计的基本程序：

(1) 通过场地调查与分析，对将要进行设计的方案，作出周密的调查与策划。

(2) 结合相关案例分析、设计对象要求的理解，规划方案意图。

(3) 系统整合方案的目的意图、地域特征、文化内涵等因素，准确定位设计理念。

(4) 通过设计风暴演练等方式，在诸多的想法与构思上提炼出最准确的设计概念。

(5) 以创新思维为导向，进一步推进设计构思。

(6) 以图表形式进一步推演设计过程，系统梳理设计表达的内容与方式。

(7) 整理设计成果，最终阐述完整的设计概念与概念设计成果。

# 知识单元 2
# 设计选题与体察

● **学习目的及要求**

通过本知识单元的讲解与学习，围绕专题解析引导学生建立明确的问题意识，培养学生发现问题、分析问题的能力，引导学生认识团队协作的重要性。通过对体察调研目标、手段和内容的实施，指导学生了解相关课题的设计背景，进一步明确目标课题，自主建立设计团队。

通过深入目标环境与受众群体，研判现状条件及参阅相关案例，化被动为主动学习，着重弄清设计什么、为什么设计、如何去设计、提出设计研究的条件等问题，帮助学生建立起有效的概念设计基础架构，培养其在设计前期对项目的理解与分析能力，有利于引导以创新的思考和观念在设计中的再扩展。

● **实践内容**

按照课题设计要求，自主建立设计团队，围绕课题目标展开设计体察，通过文献查阅、实地拍摄、问卷调查和样本取样等形式，获取设计基础数据和一手资料，制作科学直观的图表分析，形成文本发布。

"眼高手低"，是学习设计的充分条件。苏轼《题西林壁》诗："横看成岭侧成峰，远近高低各不同。不识庐山真面目，只缘身在此山中。"眼界不同必然感受不同。就如从未尝过真正的美味，怎能体会出什么是难吃。"欲穷千里目，更上一层楼。"真正有"眼界"则需要登高而望远，首先站在高处，再运用理性分析的方法对事物进行全面的研究，才能把握事物之间的种种联系，从而总揽全局。因此，概念设计需要一个宏观的视野，需要具备个人对社会文化、经济技术、生活方式等的认真思考。

"巨人之肩"，是学习设计的基础条件。著名的物理学家牛顿曾经说过："我之所以成功，是因为我站在巨人的肩膀上。"通常，这句话常常被人用来表达的自己的谦虚，但对于设计师来说，这却是设计界的常态。这里所说的巨人之肩，指的是书本、杂志、网络中大量的理论知识与信息资讯。胸无点墨的设计师，注定不可能设计出优秀的设计作品，概念设计所需要的不是埋头苦想，而是多看、多读、多理解。只有在大量阅读他人的知识理论，体会他人设计的精髓，才能为自己的设计建立起牢固的根基。因此，概念设计需要一个牢固的基础，设计才能有据可循、有理可查。

# 2.1 设计选题

## 2.1.1 设计选题原则

发现、分析与解决生活中的问题，是环境设计的一个重要职能。因此，对于问题的敏感性是每一个设计师必须具备的能力，环境设计教育教学需要从培养这种发现"问题"意识开始。

概念设计的选题来源应当是严谨的，它必须与人类的生活、生产、文化息息相关，否则就失去了概念设计探索人类未来生活发展的意义。在概念设计课程教学中发现，设计类学生虽然思维活跃、创新力强，但往往没有对日常生活体察的习惯，缺少设计的问题意识。就拿最常见的楼层房间号码的标识设计来说，标识上房号的数字从小到大，通常按照从东到西、从南到北的顺序排列。较有经验的设计师可以很快从中找到线索，诸如一层楼中朝向最好的办公室的分配等问题，但是学生不会在意这样的细节。

通常，概念设计中所强调的"概念"实际上是设计者对技术、文化、经济、社会等问题的观念认知和自主思考，是设计者在现实中的积极回应。设计本身就是一个发现问题、分析问题、解决问题，再发现问题、分析问题、解决问题乃至周而复始、螺旋式上升的学习、研究过程。对概念设计而言，选题的准确性、合理性、科学性、专业性均是反映概念设计价值与意义的前提。因此，概念设计选题应遵循以下原则：

(1) 要能体现对社会热点问题的关注。

(2) 要以环境设计专业基础上的目标培养。

(3) 要以富有创新性、前瞻性、多样性设计理念的专业实践。

(4) 要能突出跨学科、交叉合作基础上的设计方式。

在概念设计课程中"选题"的过程同时也是学生开始接受"问题意识"的思考过程，具有问题意识的选题可以明确概念设计的方向、范围及设计方法，可以体现设计的专业素养和学习研究设计的能力。从环境设计专业角度来看，环境设计就是要为人类创造功能良好、舒适健康的人居环境。从概念设计课程性质来看，概念设计关注的问题不应当是空穴来风或是天马行空的幻想中得来，而必须具有深刻的社会意义和设计价值。正如美国著名设计理论家维克多·帕帕奈克（Victor Papanek，1927—1998）在其代表作 *Design For the Real World*（《为真实世界而设计》）一书的开篇中就这样写到："设计必须是有意义的，'有意义'取代了其他任何带有表现性的词汇，在一件设计作品中，我们所关注的应当是那些意义。"因此，概念设计选题要从社会问题中寻找来源，要鼓励引导学生关注某一与文化、社会、习俗相关的设计命题，使学生意识到设计的展开需要从明确而具体的问题切入进去。

总而言之，概念设计课程的选题需要一个宏观的视野，需要带有个人对社会文化、经济技术、生活方式等的观察与思考。这就要求学生在结合过往课程所学习的相关专业知识的基础上，将环境设计的视野扩大到市场研究、目标受众的生活需求研究和社会趋势研究（包括资源、能源、生态环境、老龄化和其他社会问题）。同时，选题最终能够通过对设计元素的反复锤炼与拓展，利用科学的设计创新手法，进行有针对性的概念设计或提案设计（如图 2-1）。

# 3×3 MOSHI　CHENG SHI LI DE JIA　"集装箱"临时住宅群

—项针对经济危机背景下农民工居住环境的概念设计研究方案

**1**

### 一、当前社会背景

08年下半年美国金融危机席卷全球，给正在处于转型期的中国经济带来冲击，经济萧条，失业率提高等负面效应开始显现。

随着大量企业的倒闭破产，就业形势的日益严峻，使得大量农民工滞留城市，生活没有保障，甚至没有一个安栖之所。如今中国经济遭受金融危机冲击，民工群体遭遇严重冲击。

**民工是金融危机时期受损严重却不被重视的群体。**

### 二、提出解决农民工住房难问题原因：

外出打工是无数农民实现梦想的弹性选择。然而，当大批的农民都满怀希望地进城之后，也立刻就被临居等一系列的困惑，由于人生地疏，这些问题成为压在民工心头的巨石……现阶段经济危机下，农民工外出务工，工资收入有较大幅度的下降。再加上相对较高的城市生活水平、高密度的城市人口、城市地空间的紧缺，对农民工来说维持住所，生活等显得举步为艰。

因此，我们提出了"集装箱临时住宅"的概念，这种住宅具有成本低廉、轻便、可自由拼接移位、随意拆建等特点，重功能，空间利用率高，解决金融危机下低收入且具有较强流动性的农民工群体的住房难问题。

只要他们活有目的，但都有一个共同的心思，那就是他们要走出乡村，走进城市，改变现状。城市对于他们可有着太多的可能性，有太多的机会。

| 12.2% | 40.6% | 24.0% | 15.1% | 1.5% |
|---|---|---|---|---|
| 为了挣钱养家 | 为了个人发展 | 为了见世面 | 同乡都出来打工就跟着 | 为了躲避债务或超脱 |

■ 农民工为什么选择进城打工

### 三、金融危机下的农民工现状分析：

1、群体特点：在农民工作为世界工业化历史上的一个新概念，是在特殊的历史时期断出现在中国的一个特殊的社会群体，他们是农业户口，但从事着非农业的工作，但又不能完全融入城市的生活，但被城市的居民视作城市里的另类人。他们通常是城市底层被偏倚者中劳动任务最重、工作环境最差、收入最低的群体，同时也是中国产业工人中人数最大的群体，2008年，内地农民工数量已超过2.1亿。但由于户籍制的存在，这一群体并不能享受到因城市经济发展而带来的社会福利。

2、居住环境：农民工最基本的需求是吃、穿、住等解决生温饱的生存需要。首要的是住所的需要，因为经济条件、流动性大的限制，农民工家庭所居住的房子大多数简陋，甚至还有危房，不能遮风避雨。

3、集中居住：农民工在城市里相对比较封闭，生活空间有限。自发性大，分散性高，组织化程度低。他们往往有很强的血缘、亲缘和地缘等传统意识，大部分是通过亲友介绍帮带等方式实现流动就业业。（图表1）

4、经济条件：农民工收入偏低，"欠薪"仍在困扰着不少农民工。经济上贫困决定了弱势群体生活质量的低下性和心理承受能力的脆弱性。（图表2）

5、文化素质：进城打工的农民工受教育程度不高，她大多数只有初中和小学文化程度，不熟悉社会知识和务工常识；也没有什么专业技术，对外那些信息了解和接收的能力极弱，对自己的发展缺乏整负向和长远远目标。外出打工具有自目性；只能从事普通的劳务性工作。

6、文化生活：农民工在文化方面的开支非常少，甚至没有任何文化开支。（图表3）

7、中青年人居多：新一代农民工的一个重要特点是"回不去农村，融不进城市"。他们出生于农村，成长于城市，大多没有务农经验，也难以适应农村生活，其流动动机在很大程度上已由谋求生存向追求平等和现代生活转变。

8、普遍受到歧视：由于没有正式身份，享受社会保障等方面面临一系列困难；受癐工的痛苦；子女上学难；更重要的是观念上的歧视，农民工与城镇职工之间不能平等享有就业权、受教育权和受救助权得不到充分保护和实现。

9、心理问题：民工不仅是一个收入低下、生活贫困的群体，而且是一个面临强烈心理矛盾和心理冲突的群体，在经济危机的大背景下，冲突尤为突出。在自身利益长期被忽略以致损害的情况下，容易引发本来就缺乏教育和法律知识的民工对现实社会的严重不满。

### 四、选择集装箱作为模块的原因：

1、集装箱现成的单元式模块为临时建筑提供了最简单可靠，并且可以批量生产的坚固的建筑基本结构单元。

2、集装箱可以承受可观的重量使用。

3、集装箱的尺寸规格统一。

4、相对帐篷或其他材料制作而成的临时建筑，集装箱更易打扫和消毒以保持清洁。

农民工居住环境现状

■ 农民工居住模式调查

| 40% | 25% | 20% | 10% | 5% |
|---|---|---|---|---|
| 自己租房 | 单位或雇主提供 | 与人合租 | 住宅亲友 | 其它 |

图表1

■ 农民工经济水平调查

70% (500～1200 ¥)

企业农民工月工资一般集中在 —— 500～1200 ¥
没有技术等级别的农民工平均月收入 —— 970 ¥
技师月平均收入 1400 ¥

图表2

■ 农民工文化生活调查

| 35% | 24.7% | 25% |
|---|---|---|
| 睡觉 | 看电视 | 聊天 |

| 83.8% | 29.7% | 31.4% |
|---|---|---|
| 不足10元 | 30元以下 | 没有 |

图表3

指导老师：杨小军　｜　设计：潘如若 方园 芦君　｜　ZHE JIANG SCI-TECH UNIVERSITY　｜　环境艺术设计

JIZHUANGXIANGLINSHIZ

图 2-1（一）　基于农民工生活环境的设计 1

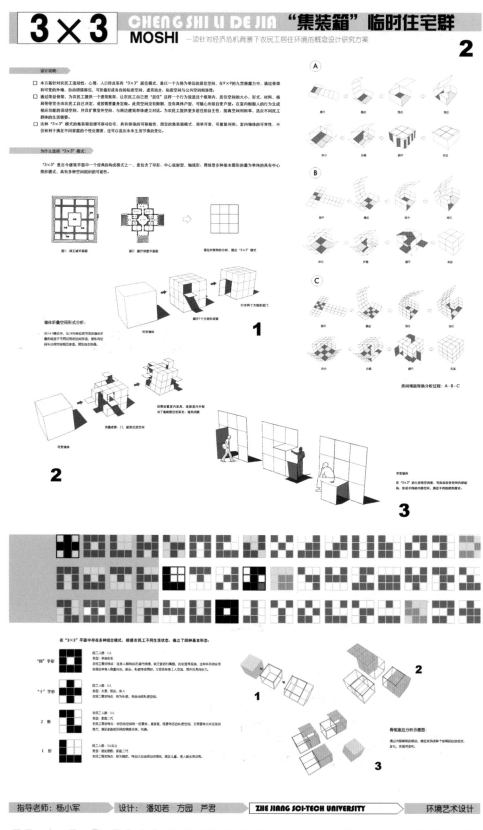

图2-1（二） 基于农民工生活环境的设计2

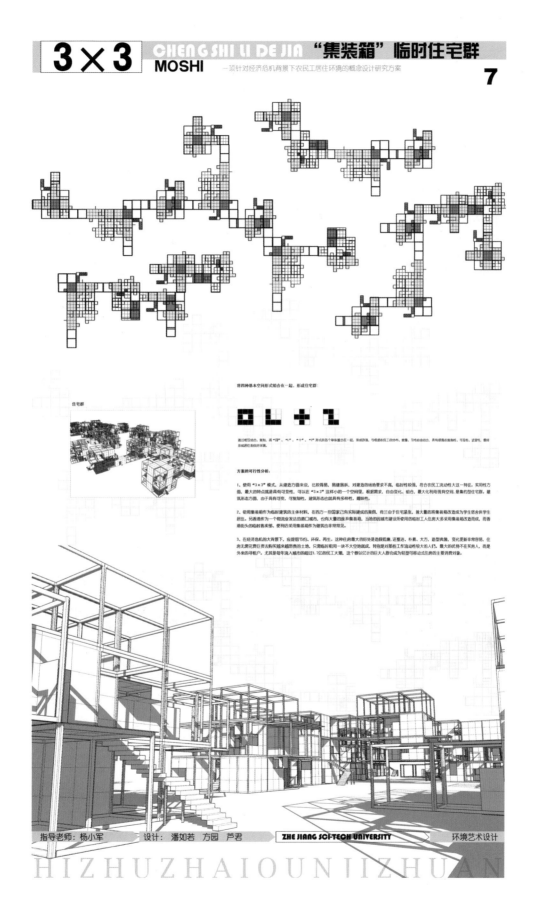

图 2-1（三）  基于农民工生活环境的设计 3

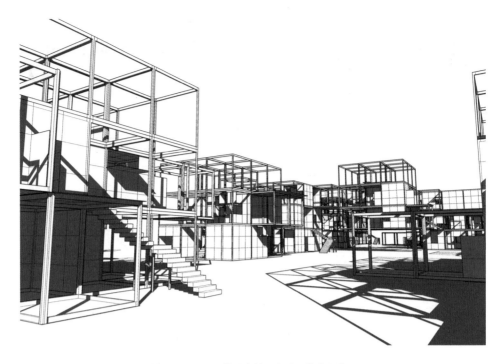

图 2-1（四）　基于农民工生活环境的设计 4

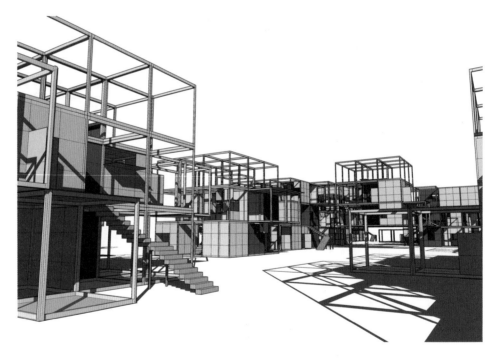

图 2-1（五）　基于农民工生活环境的设计 5

## 2.1.2　设计命题解析

　　设计工作面临的首要任务就是寻找正确的问题，只有面对正确的问题，才能以合适的对象、角度进入讨论和研究。就当前我国社会发展的趋势来看，环境设计的关注点应该立足当下可持续发展理念下的城乡生态、生产、生活等人居环境问题，需要高度关注地域性设计、数字化设计、非物质设计、包容性设计、人性化设计等设计发展趋势。

1. 从生活的体验到设计

> 世上不是缺少美，而是缺少发现美的眼睛。——罗丹

(1) 生活体验与设计的关系。

生活体验是人们在日常生活过程中所形成的记忆片段和生活方式。人们在生活当中所做出的解决问题的行为，或出于需求、或出于好恶，时常会有精彩的智慧闪光点。例如，古人无法拖动巨型的石头，就利用圆形的木条方便滚动的原理，垫在石头之下，借助木条滚动的力量带动石头一起向前滚动。这看似简单办法实则涉及摩擦力、动力等其他多方面的知识内容，是生活智慧的结晶。设计是有意识的行为，它是沟通于生活、艺术、科学之间的桥梁。设计在这三者之间永无止境的探索，是设计不断进化与发展的动力。假如还是推动石头的问题，如果是设计师大概会从石头的情况开始分析，然后根据人力、财力、工具使用的便利程度等开始着手进行设计工作，最后形成某个工具，并不断加以改进。

生活是设计创作的源泉，对生活的细腻观察和独特理解将有效地为设计创意提供素材，很多优秀设计的产生就是依赖于对生活的深刻理解。比如圆木带动石块的原理，它来源于生活，但是只要好好利用就可以创造出许多东西来，比如车轮、传送带等其实利用的都是同样的原理。设计师要对生活充满热情，用心地体悟生活，同时不停地思考设计与生活的关系，这是培养设计能力最有效的方式之一。设计师要对生活体验有"收集—过滤—放大"的能力，就需要培养我们敏锐的观察和处理生活信息的能力。当然，设计不仅仅要向生活学习，更要领导生活、创造新的生活方式与生活体验，设计师需要有一个超越以往的新的设计观念、思维模式和方法，必须充分发挥右脑的想象力、概念生成能力、创意技巧等，来点燃我们对未来生活的激情。因此，设计创新更是一种突破性的思考，是对生活、科技、社会的全新的解决答案。

(2) 如何将生活变成设计。

其一，记录生活。所谓灵感就意味着不是一直都在的，因此当我们越是急于想得到它的时候，它就越是难以捕捉。日本设计师佐藤大提出"用生活理解生活"的观点，也就是说当你找不到东西的时候，应该静下心来想一想如果是自己现在去放这件东西，可能会放在什么地方，如果不想被人看见，又会放在什么地方，这样的思考方式可能很快帮你寻找到自己想要的东西。但是，当我们不具备这种冷静的思考方式时，就应该养成记录生活的习惯，整理自己一段时间内接触到、观察到的东西，也可以用拍照、笔记的方式将自己的思考记录一下，以便在未来有一天再次遇到同样的问题的时候，可以有据可循。

其二，整理生活。记录下来的生活有时杂乱无章，有时甚至难以记录，这就需要我们对信息进行整理，对信息提出观点，并且穷究其根本。探究根本的方法是"退一步观察"，很多知名设计师都认同这个观点。本书对"退一步观察"有两层理解：一是向后退一步重新思考、审视事物本身；二是退一步弱化自身的想法、原则，而把更多的思考留给使用者。试问你今天早上说的第一句话是什么呀？有的人可能根本不记得，或者记得是和谁说的，但是忘记具体说的是什么。为什么不记得呢？因为不重要，不值得关注。有的人可能记得，因为他已经养成了这样的生活习惯，每天早上的第一件事都是相同的或是今天这件事特别的不同。这样，我们就简单地探究了一个生活中的小问题，并发现了问题背后的原因。

其三，发现生活。一般来说，我们在设计的时候都会充分考虑设计的对象，但是却较少考虑设计对象周围的人。例如，当我们设计一个女装商店空间的时候，会把大部分的精力放在研究女性需求上，而较少考虑可能和这名女性结伴而去的人，比如闺蜜、男朋友、老公、孩子等。这样一来，不被考虑的人就会无法融入购物之

中，最终导致缩短了设计对象在店里的停留时间，同时削弱了购物乐趣。我们现在越来越常看到在商场空间中为购物者设置的休憩设施、为儿童设计的屋顶花园等。勇于反思，突破常规，才能创造新的生活方式。

如《积木·运算——学院临时空间营造》，设计选择浙江理工大学设计学院所在的 21 号楼二楼大平台作为基地，通过大量调查与分析，针对原有场地存在着展示、社团活动、零售、交流等功能的缺失现况，同时考虑在原有场地上加建一个笃定的设施会破坏原来环境的客观情况。设计概念受到"移动景观"的启发，将设计关注的目光投向设计者儿时玩乐生活的世界，从"积木"游戏中汲取设计的灵感，试图探寻普通生活经历与环境设计之间的联系，充分展现设计者的设计智慧和创造力。该设计正是学生基于对建筑造型艺术、技术、文化、生活体验等多维因素综合思考的创新设计结果（如图 2-2）。

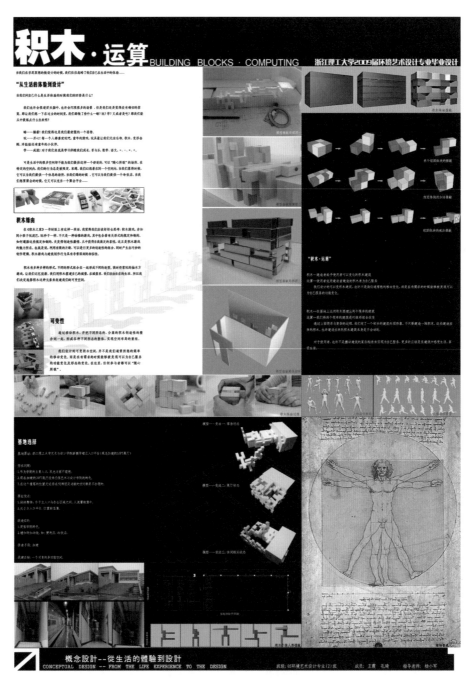

图 2-2（一）　积木·运算 1

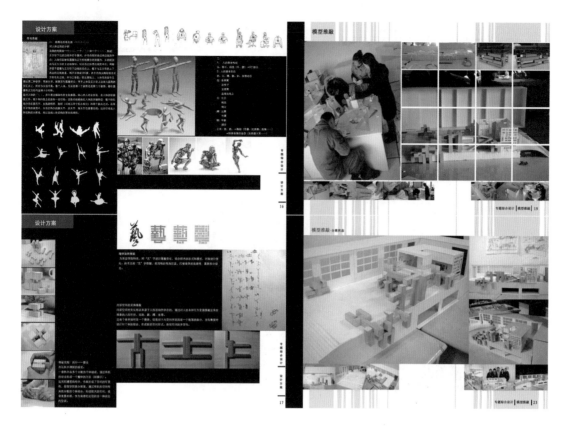

图 2-2（二） 积木·运算 2

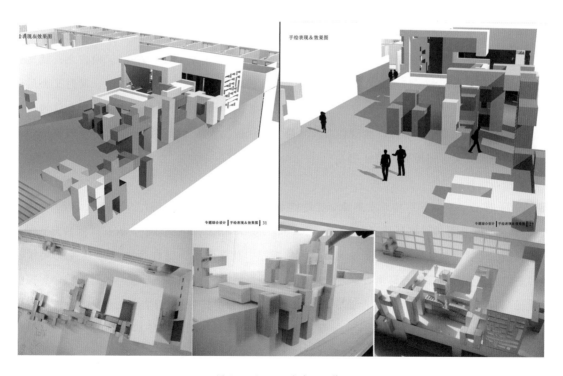

图 2-2（三） 积木·运算 3

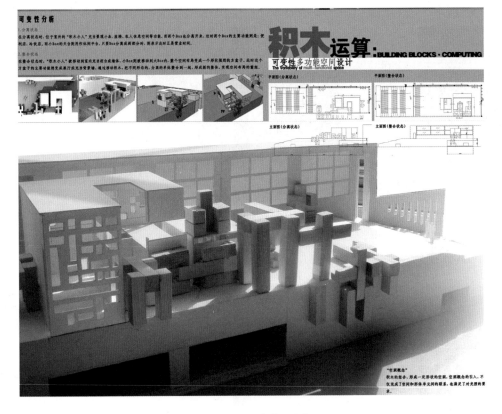

图 2-2（四）    积木·运算 3

2. 地域空间可持续建构

（1）可持续发展的定义及重要性。

可持续发展理念源于 1987 年世界环境与发展委员会在《我们共同的未来》报告中所阐述的"布伦特兰定义"，指的是"以不损害后代人满足需求的能力为前提的情况下，满足现代人的需求"。换言之，就是要求社会的发展必须要达成社会、环境、经济三方面的和谐统一，既要满足现代人富裕生活需求，同时又为后代人留出充足可用的社会资源和环境资源。可持续发展理念具有共同性、持续性、公平性的内涵，理念认为可持续发展是全人类的共同目标，需要全球协作、共同努力。尽最大可能保持人类的经济和社会发展不超越资源与环境的承载能力，这才是对人类下一代最大的公平。

（2）地域空间设计。

2015 年 9 月 25 日，联合国可持续发展峰会在纽约总部召开，正式通过针对 2016 年至 2030 年的可持续发展议程，其核心为 17 个可持续发展目标（SDGs，Sustainable Development Goals），旨在以综合方式彻底解决社会、经济和环境三个维度的发展问题，转向可持续发展道路。就概念设计课程而言，这 17 个可持续发展目标都有探讨和研究的价值，应该说是环境概念设计对地域空间可持续发展的研究与思考的重要载体和抓手。

基于我国当前社会发展的现实情况而言，新型城镇化发展和乡村振兴战略实施已是社会主要命题。在新型城镇化发展和乡村振兴战略实施促进社会全面发展的同时，也呈现出城乡结构形态的失范、风貌特质的趋同、地域特色的丧失、文化符号的缺失等问题。不仅如此随着全球化的迅速扩张，各个国家、民族、地域的固有文化特征正在日渐消失，区域内景观空间设计中变化多端、多种多样的风格特征也正被一种国际式风格所取代。这类问题已经引起了各界人士广泛的探讨和研究，空间环境概念设计对此展开探讨的现实意义是显而易见的。

地域文化作为一定地区的自然、风土、生态等基础上经过长时间历史积聚形成的特定的东西，是一种特色"记忆"。而这些正与城市、乡村景观空间设计中心理、社会、文化的脉络紧密相连。因此，需要重点学习和处理好三个关系：一是重点研究处理好传统与现代的关系，即在借鉴中国传统设计（包括物质的和非物质的）中丰富的形象资料和思想哲学，为解决当下的设计问题所用，通过传统与现代的结合和再创造，形成亦新亦旧的时代性设计；二是重点研究处理好民族性与世界性的关系，即在全球化语境下，既要打破地域和民族的界限，突出有设计的时代特征和开放度，又需保持其独特的文化特征和魅力，对民族的、地域的形式进行世界性的编码，从而形成亦他亦我的世界性设计；三是重点研究处理好环境设计专业理论与其他相关学科领域的理论联系。

另外，在概念设计过程中还需要注意两点设计事项：一是寻找解决问题的要点。在确定地域空间可持续发展这个选题后，需着重选取具体的某一个设计问题，进行实地调研、案例分析、文献阅读和量化研究，这样可以保证设计的深度，同时也可以始终保持一致的研究方向；二是考虑设计的生命周期。设计的生命周期可以从两个方面来理解：一方面是设计应该具有生命力，课题聚焦和探讨的研究问题，应当是立足人类当下又面向未来的，而不是短暂而无意义的东西；另一方面是设计解决问题的有效周期，在可持续发展的大环境下，设计的效益和持续力是必须考量的因素。

如《地铁公园设计》，基地位于杭州的新城下沙文泽路地铁站，地铁是连接城市中心与郊区的重要载体。地铁站除本身应具有交通疏散的功能外，还应具有地域文化与区域市民公共活动的功能。因此，设计者将概念定位在地铁站"为郊区注入活力"上，将交通枢纽、城市广场、城市绿地及其他公共交通连接成为一个整体（如图 2-3）。

### 3. 基于特定背景的设计

> 人们总以为设计有三维：美学、技术和经济，然而，更重要的是第四维：人性。——美国设计家普罗斯

（1）包容性设计。

当前，人类社会面临诸如人口老龄化、信息网络化、消费个性化等众多社会性问题，对设计提出更高的要求。设计除了应具有安全性、可靠性和方便性特点外，还应更加凸显包容性的重视。设计的包容性和包容性设计已成为设计师的一种共识。最初，包容性设计的提出是欧洲国家出于对公民民主权利的考虑。1984 年建筑师理查德·哈奇提出包容性设计是"公众有能力参与的设计"。随后，英国"高品质生活"计划中，将包容性设计定义为在户外空间中，以老年人或肢体缺陷人群为基础的户外空间设计。英国标准协会对包容性设计有明确的定义，即主流产品或服务的设计使尽可能多的人群方便地使用，而无需特别的适应或特殊的设计。包容性设计的意义在于让设计可以服务更多的人群，适用于更加广泛的用户群体，也就是说包容性设计是为了让设计变得更好。随着社会的发展，设计关注的群体愈发多维，包容性设计关注的对象和涉猎的范围已经远远超过了上述这些定义。包容性设计在原本讲求设计公平性的基础上，逐渐发展成为一种新的"为大众设计"的方法和方向，其设计对象也越加广泛，从老、弱、病、残、孕、幼等特殊群体，逐渐扩大至流浪者、特殊爱好者、特殊工作者等群体。但就目前来说，针对人口老龄化而进行的设计活动仍然是包容性设计的主要舞台。

（2）面向人口老龄化的设计策略。

中国已成为世界上老年人口总量最多的国家，人口老龄化已成为社会性的问题，同时也是设计需要面对的的一大课题。

# 地铁公园
## Metro Park

——杭州文泽路地铁口及其周边环境探讨

## 设计什么?
### What design

地域空间的可持续发展 → 杭州文泽路站出入口及其周边环境

## 为什么设计?
### Why design

1随着社会的发展,地铁已经成为城市中不可忽略的重要交通工具,越来越多的人们都选择用这种便捷、绿色的出行方式。

2城市化进程的加快让越来越多的城市雷同化,地铁口作为城市特有的形象之一,应该充分从当地的地域特色,融入当地城市元素,使地铁口及其周边环境更具特色。

3地铁口及其周边环境难以满足人们的生活需求,没有体现出绿色、生态的环保新设计理念,在材料的运用上也没有太大的突破。

## 相关数据
### related data

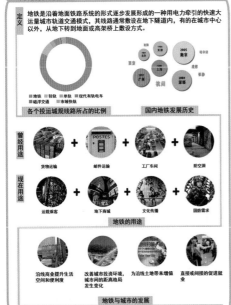

定义: 地铁是沿着地面铁路系统的形式逐步发展形成的一种用电力牵引的快速大运量城市轨道交通模式,其线路通常敷设在地下隧道内,有的在城市中心以外,从地下转到地面或高架桥上敷设方式。

■地铁 ■轻轨 ■单轨 ■现代有轨电车
■磁浮交通 ■市域快轨

各个投运城市线路所占的比例    国内地铁发展历史

曾经用途: 货物运输 + 邮件运输 + 工厂车间 + 防空洞

现在用途: 运载乘客 + 地下商城 + 文化传播 + 国防需求

地铁的用途

沿线商业提升生活空间和便利度    改善城市投资环境,城市间的距离格局发生变化    为沿线土地带来增值    直接或间接的促进就业

地铁与城市的发展

## 基地问题分析
### Base Analysis

环境方面: 垃圾的堆积和乱扔现象十分严重

停车方面: 现设的自行车停放难以满足人们日常停车的需求

景观方面: 地铁出入口不具特色、上抬广场利用率低、路面过窄、人流路线设计不合理导致草坪景观被破坏。

## 基地分析
### Base Analysis

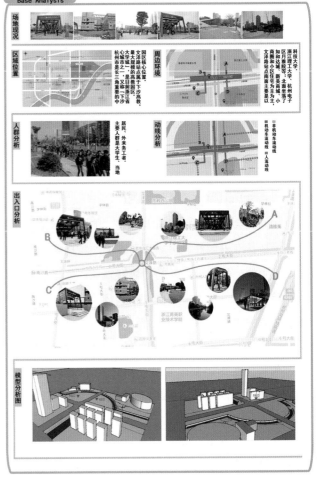

场地现况

区域位置

周边环境

人群分析: 居民、外来务工者,主要人群是大学生、当地

动线分析: ■机动车流动线 ■非机动车流动线 ■人流动线

出入口分析

模型分析图

---

浙江理工大学  艺术与设计学院

小组成员: 沈施一  万胜  许杨
闫展杉  曾翌婧

指导老师: 杨小军

图 2-3(一)  地铁公园设计 1

## 概念提出
### The concept proposed

1、文泽路所在的下沙高教园区是杭州的城郊结合区，密度小，辨识度低，对周边环境的限制低，地铁公园可以成为标志性景观的一部分。

2、作为城市新区，文泽路所在场地历史感、文化感弱，所以对于新事物有很强的接受性，新时代城市新区的发展离不开地铁，所以地铁为缩影做公园可以更具时代感。

## 方案推敲
### Program scrutiny

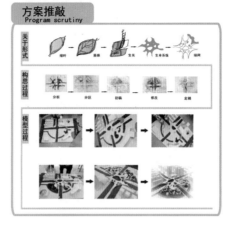

## 设计目标
### Design Goals

1、将地铁与公园有机结合在一起，建设城市新区的标志性景观。

2、改善人与自然、人与交通之间的关系，达到和谐共生。

3、传递出一种绿色、生态环保的理念，形成一种健康、舒适的生活方式。

4、探求一种适合新区地铁站出入口站并可推广的全新模式，提供人们一种全新的城市地铁生活体验。

## 方案空间语言及构成
### Programme on Space Language and Composition

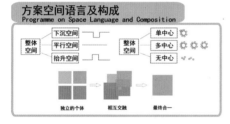

## 方案平面图
### Program plan

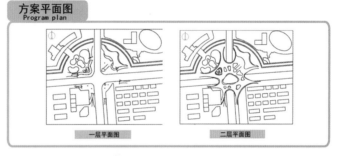

## 方案内部功能分区
### Internal zoning plan

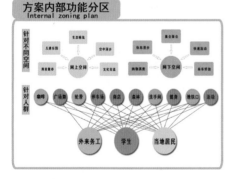

## 方案功能分区与人流分析
### Zoning and flow analysis program

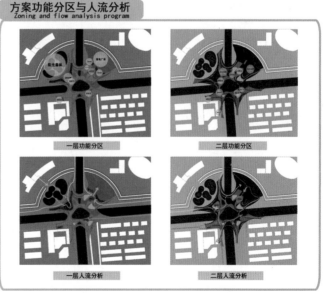

## 意向图
### Figure intent

浙江理工大学　艺术与设计学院　　小组成员：沈施一　万胜　许杨　闫展杉　管塑婧　　指导老师：杨小军

图 2-3（二）　地铁公园设计 2

图 2-3（三） 地铁公园设计 3

## 方案节点图
### Program node map

#### 阳光森林
##### Sunshine forest

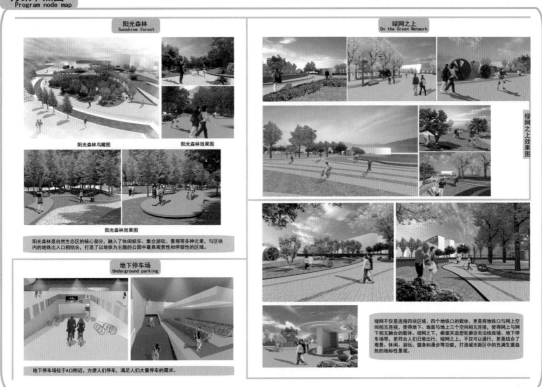

阳光森林鸟瞰图　　阳光森林效果图

阳光森林效果图

阳光森林是自然生态区的核心部分，融入了休闲娱乐、集会游玩、景观等多种元素，与区块内的地铁出入口相结合，打造了以地铁为主题的公园中最具观赏性和停留性的区域。

#### 绿网之上
##### On the Green Network

绿网之上效果图

绿网不仅是连接四块区域、四个地铁口的载体，更是将地铁口与网上空间相互连接，使得地下、地面与地上三个空间相互连接，使得网上与网下相互融合的载体。绿网之下，根据其造型轮廓设有沿线商铺、地下停车场等，更符合人们日常出行，绿网之上，不仅可以通行，更是结合了观景、休闲、游玩、健身和漫步等功能，打造城市新区中的充满生意盎然的地标性景观。

#### 地下停车场
##### Underground parking

地下停车场位于A口附近，方便人们停车，满足人们大量停车的需求。

## 方案空间结构
### Programme on Space Structure

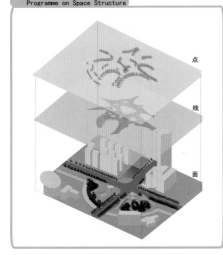

点

线

面

## 方案植物配置
### Plant configuration program

本方案的植物配置，以落叶有色乔木为主，在绿网上保证夏天有充足的遮阴效果，冬天又有足够的阳光。在春秋俩季配以樱花，迎春等花叶植物，使各个季节都有景可赏。

## 方案环境设施
### Enviroment facillties

导向标识

本方案的部分环境设施，我们接取了地铁的元素，用轨道，滚轮，等元素，使人们感受到地铁公园的氛围。

## 总结
### Summary

从前期的调研到发现问题、探讨问题、解决问题，到方案的形成和深入，经过这五周的并肩作战，我们收获颇丰。文泽路地铁站就在我们的身边，通过平日体验、反复考察和思考，我们欣喜的发现真正优秀的设计其实就源于生活、源于热忱和孜孜不倦的追求。课程已经结束，但对于地铁公园的探讨才刚刚开始。共勉。

浙江理工大学　艺术与设计学院

小组成员：沈施一　万胜　许杨
闫展杉　曾婴婧　　　指导老师：杨小军

图 2-3（四）　地铁公园设计 4

伊丽莎白·伯顿的《包容性的城市设计——生活街道》一书中这样提到：老年人并非真的无能，而是被环境变得"无能"。比如在日常生活中，老年人也需要外出锻炼、购物、遛狗、会友等活动，但由于自身生理机能的退化，导致行动可能迟缓，不适合长时间的站立和行走，但是城市公共空间中极少有间隔距离较短、适宜休憩的设施。生活中的不便，使老年人容易产生焦虑、恐惧、寂寞、厌倦、尴尬、惊恐、迷惑等一些负面情绪，特别是焦虑和恐惧这两种负面情绪时常影响着老年人的日常生活。我们将从老年人的情绪与行动力的角度来探讨面向人口老龄化社会的包容性设计，可将老年人的需求分为三个层级：

一是生活自由和自主能力的需求。当一个老年人可以根据自己的意愿处理问题或者外出的时候，他们会获得被尊重、实现自我价值的感觉，这是很多年轻人所想象不到的。对于一个老年人而言，即便是十分微小的事情，如果自己能够完成它们就意味着自己仍然很有价值，从中便可以获得强烈的自我价值的认知。因此，在设计中如果能够让老年人时常有一些可以完成的简单动作，那么对于恢复老年人的尊严以及价值认知是十分有帮助的。

二是亲近自然与新鲜空气的需求。这是基于老年人身体健康与心理健康的双层需求。并非所有的老年人都必须是步履蹒跚的样子，事实上很多老人都有散步的习惯，甚至是登山等亲近自然的活动需求。呼吸新鲜空气一来可以促进老年人的身体健康，同时在良好的室外环境中活动可以使老年人获得心理上的愉悦，促进心理健康。对于新鲜空气的需求给予设计的启示是一方面针对老年人的设计选题不一定集中于室内设计，可以在室外的景观、环境设施设计中展开。另一方面要满足老年人生理和心理双重的健康需求，必须是符合老年人使用的环境设计。但是值得注意的是，包容性设计的意义不在于专门为了一些人去做专属的而他人无法享用的设计，为老龄化社会所进行的包容性设计仍旧要在大众使用的基础上进行。

三是社会交往的需求。无论在什么年龄阶段，社会交往都是人类必不可少的生活组成部分，对于老年人来说，与外界接触的社会交往更是可以帮助他们排解寂寞、焦虑的负面情绪。社会交往的对象除了家人、亲戚、朋友以外，还包括邻居、附近小店的老板、门口的保安等，这些人都是老年人每天社交生活的主要人群。扬·盖尔的《交往与空间》一书认为社会交往需要良好的交往空间，室外环境的优良确定了人与人交往可能性的大小，因此，良好的交往空间也是针对老年人的设计的方向之一。

如《老年人户外活动空间设计》，设计基于老龄化社会到来的现实背景，提出公共空间环境需要满足、引导、支持老年人积极的趣味生活。设计提出"转换"的概念，针对老年人生理机能下降、不易接受新事物和社会参与的缺失等问题，以感官、思维、角色转换为支撑，提出"越林""赏花""闻鸣""吟诗"等一系列满足老年户外活动的景观设计策略（如图2-4）。

基于以上对老年人日常需求的分析，提出四点设计原则：

一是易知性，也就是要求环境设计的空间布局、环境设施、交通路线等均便于老年人辨认和理解，以此增强老年人在空间环境中的安全感，同时可以认识到自己所处的环境，可以帮助老年人完成自己想要做的事。

二是可达性，顾名思义就是保证老年人可以正常到达、使用和进行适当的活动。一般的环境设计通常以成年健康男子作为设计标准，但是老年人虽然身体健康但与健康成年男子仍然有所区别，因而老年人设计中的可达性应当是关照到老年人可以正常使用的尺度与标准。

三是舒适性，舒适的环境空间很重要，这决定了人们是否愿意在环境中长时间的停留。另外，舒适性还有一种解释，也就是人们可以在环境中顺利畅通地达到自己的目的，而不需要花费多余的精力，造成身体上和精神上的不适。

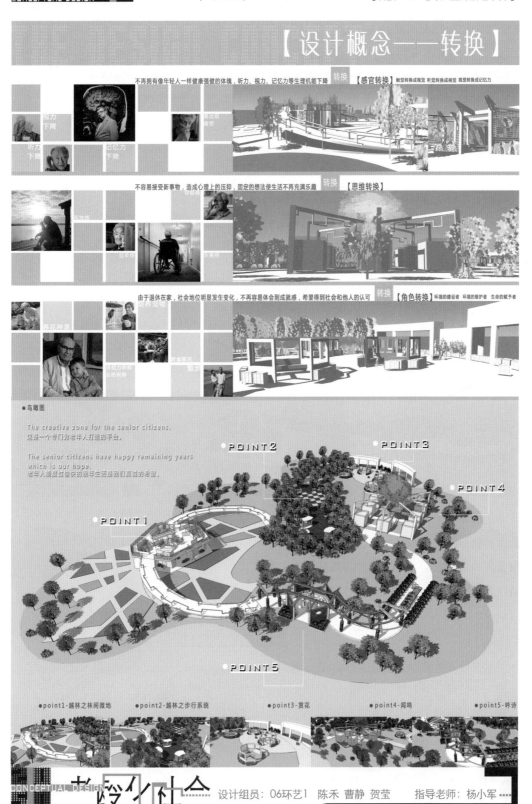

图 2-4（一）　老年人户外活动空间设计 1

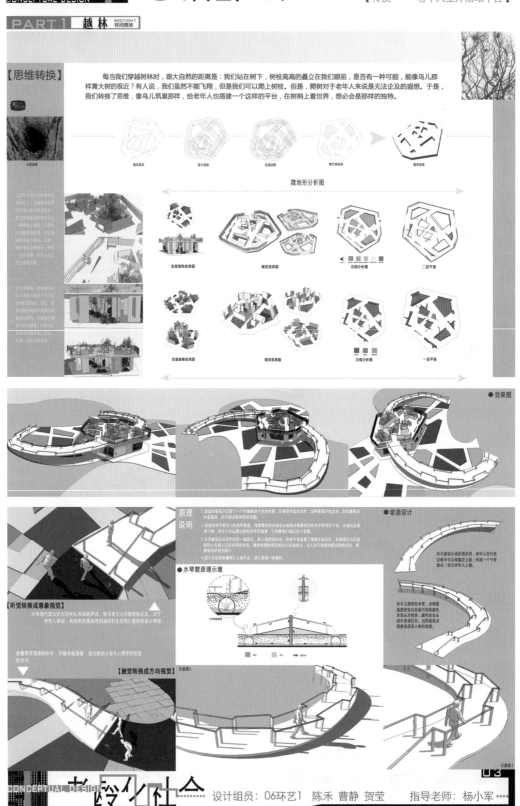

图 2-4（二）　老年人户外活动空间设计 2

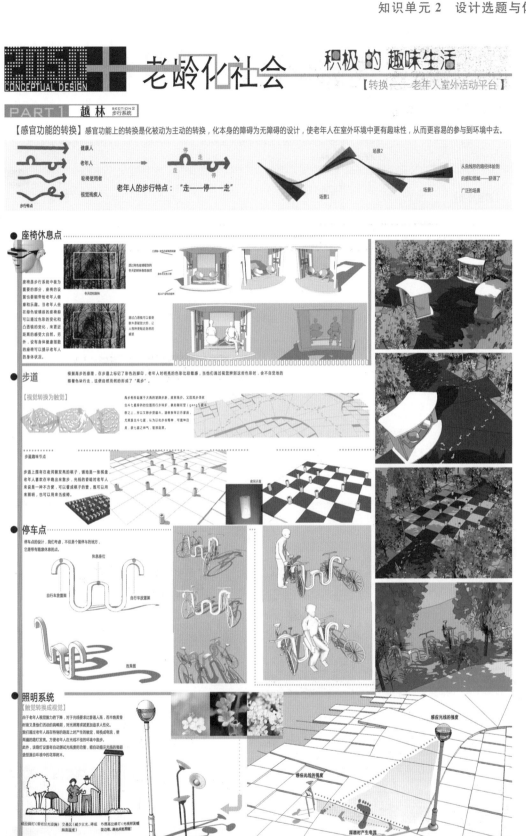

图2-4（三）　老年人户外活动空间设计3

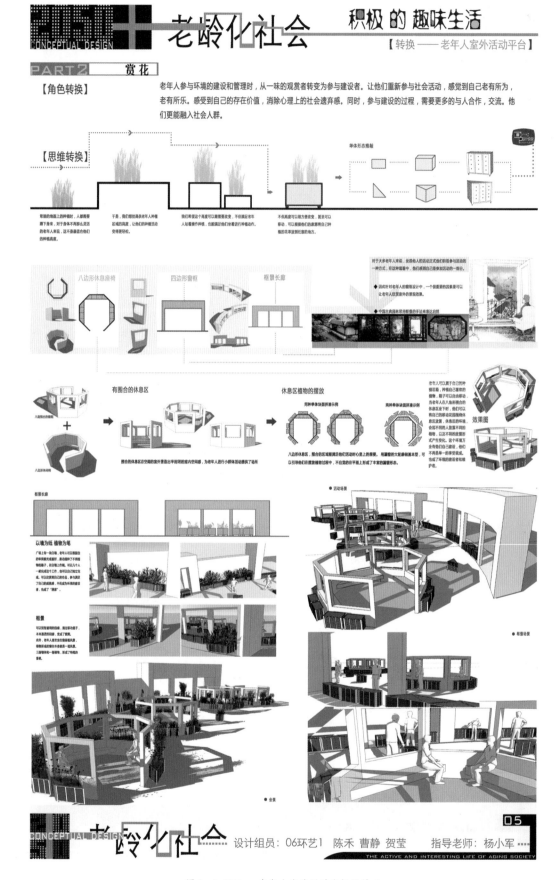

図2-4（四）　老年人户外活动空间设计4

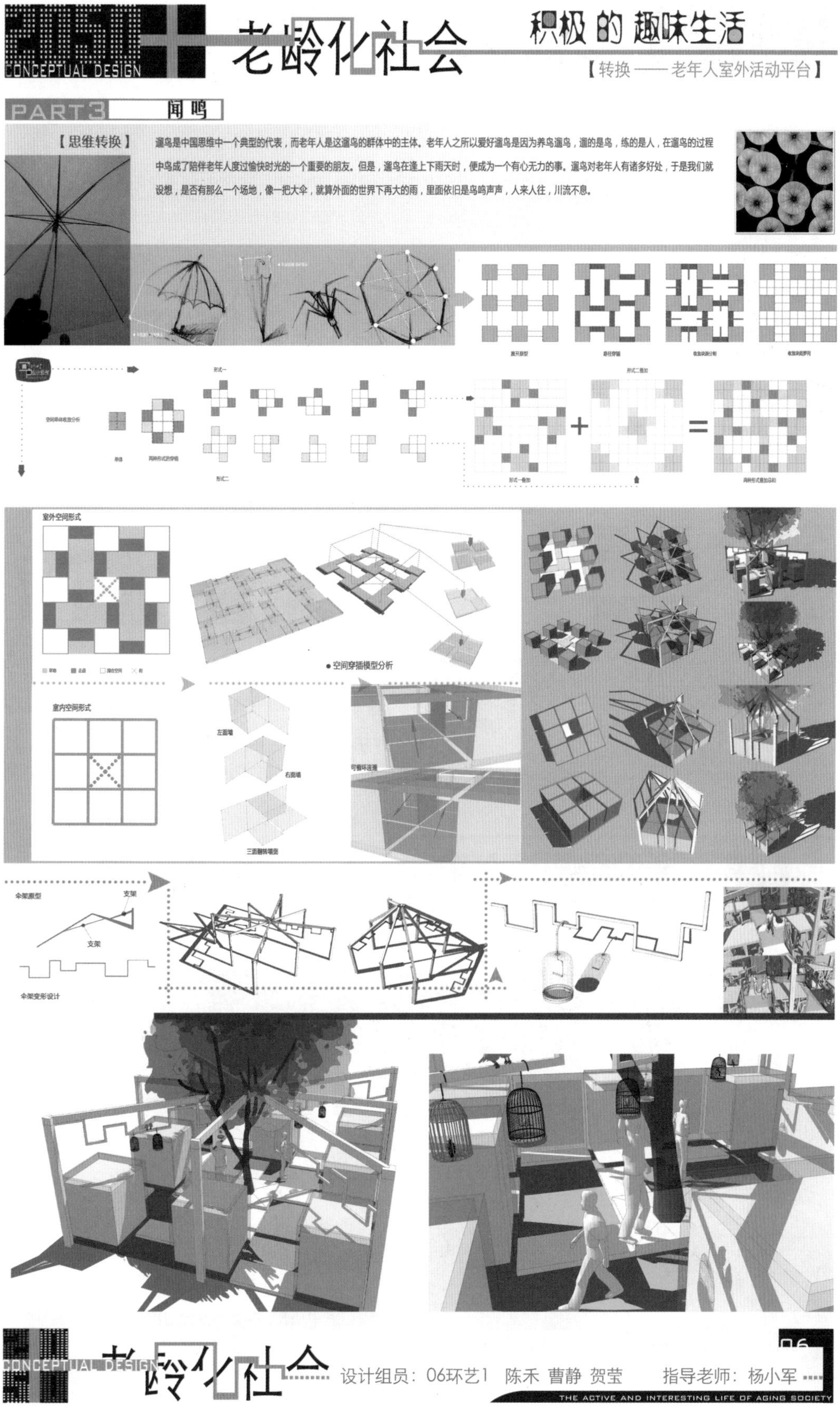

# 老龄化社会 积极的趣味生活

CONCEPTUAL DESIGN

【转换——老年人室外活动平台】

## PART3 闻鸣

【思维转换】 遛鸟是中国思维中一个典型的代表，而老年人是这遛鸟的群体中的主体。老年人之所以爱好遛鸟是因为养鸟遛鸟，遛的是鸟，练的是人，在遛鸟的过程中鸟成了陪伴老年人度过愉快时光的一个重要的朋友。但是，遛鸟在遇上下雨天时，便成为一个有心无力的事。遛鸟对老年人有诸多好处，于是我们就设想，是否有那么一个场地，像一把大伞，就算外面的世界下再大的雨，里面依旧是鸟鸣声声，人来人往，川流不息。

图 2-4（五） 老年人户外活动空间设计 5

# 老龄化社会 积极 的 趣味生活

【转换 —— 老年人室外活动平台】

CONCEPTUAL DESIGN

**PART4　吟诗**

【视觉转换成记忆】诗句是我国古典文化的精髓，这片场地的入口处利用旋转门的原理，起到一定引起好奇心而往前走的作用，老年人在看到旋转折片上的诗句缺字时，会在大脑中自动的去搜索，去填空缺，从而锻炼了老年人的记忆力，起到延缓记忆力衰退的作用。

设计组员：06环艺1　陈禾　曹静　贺莹　　指导老师：杨小军

THE ACTIVE AND INTERESTING LIFE OF AGING SOCIETY

图 2-4（六）　老年人户外活动空间设计 6

四是安全性，是环境设计的重要保障，人们在环境中不会因为随时随刻存在安全隐患而觉得高兴放松，老年人惊恐、迷惑的负面情绪要在环境中得到安抚，就必须保证环境的安全性。空间环境尺度过于宽阔会造成心理上的恐惧感，过小则会容易造成撞伤，安全性极为重要却又极难两全，是本选题设计中值得探讨的一大问题与难点。

4. 设计反思非意图设计

(1) 设计意图与非意图。

任何设计均带有某种意图。通常设计意图指的是设计师透过设计向他人传达设计理念，或是让人获得具体功能满足、行为支持、心理暗示等。比如城市道路的绿化隔离带设计，即是用来阻隔机动车道和非机动车道，以避免非机动车进入机动车道而产生不必要的安全隐患。当然，设计意图体现了设计者给使用者制定的规则，并希望使用者在空间中按照自己想要的方式行动。然而在实际生活中，经常会出现设计原拟功能与实际使用之间的差异，使用者会不经意地按照自己的要求与想法进行调整。如公园中有设计的道路可供人行走，但在两旁的草坪总是有一条踩出来的快捷方式。这种人们并未遵循设计师所设定的方式而进行的自行诠释行为，显示出使用者的再设计、再诠释或赋予新功能价值的能力，我们可以称之为非意图设计。产生这种情况的原因大致上可以分为三类：一是设计者对于环境使用人群的使用需要不了解，或是在设计中有所疏忽；二是设计者仅仅按照自己的意愿进行设计，而与使用者的认知背道而驰；三是设计者为了更好地表达自己的设计意图，而在设计中舍弃了对环境使用者的关照。

举例来说，在乡村建设中设计师按照常规小区规划设计的方式，设置绿化带来填补建筑与道路之间的区域，同时起到阻隔建筑室内与室外视线的作用。但是，在回访中就发现，原本绿化带中好好的树苗已经被拔出了大半，取而代之的是村民栽种的蔬菜、瓜果。这样的结果让许多设计师感到哭笑不得，但也让很多有心人恍然大悟，原来村民需要的不是整整齐齐的绿化，而是更为贴近他们生活所需的农作物。耕种的习惯也是他们原本生活的一部分，已经根深蒂固不可动摇了。随后，设计师们开始重视对于村民农作物种植这类生活习惯的探索，并对其加以设计，以此做出更为尊重使用对象贴近生活所需的设计。之所以会产生案例中的这种情况，主要原因还是设计师的惯性思维，他们对村民的生活不了解，结果导致设计出来的东西在使用者眼中根本没有意义。

(2) 差异的启示。

尽管有意图的设计带给人们以积极的作用，但日常生活中各种设计正在以各种特殊的方式被使用着，而这些方式常常不是设计最初的意图。这就启示我们需要向着另外一个方向进行设计探索，那就是将更多的选择权、决策权退还给使用者的非意图设计。设计者应仔细观察日常的设计现象及被改装后的效果，并找出改变的原因，对人在日常生活中无意识的动作进行记录并拓展设计。事实上，非意图设计推崇的是把设计作为一种手段，而不是目的。在非意图设计中，设计为使用者提供更多的选择，鼓励使用者自主参与、自主创造。例如，推崇家具可以快速组装任意搭配的"宜家"，则采用了将更多的选择权交给使用者的销售策略。未来设计将向着小众化、个性化的方向发展，如何转变设计观念，将设计决策权交予使用者将会使设计成果具有极大的吸引力和生命力，非意图设计在未来的设计走向上也必将慢慢占有一席之地。空间环境概念设计对非意图设计这个课题展开探讨，旨在发掘设计原拟功能与使用者实用功能之间的差异，将有利于环境设计更加符合未来的社会、市场需求，也可能成为一种延长设计使用寿命的手段，更有可能使得设计向着更为人性化的方向发展。

如《大排档空间改造设计》，设计基于城市管理体制下，具有烟火气息的大排档逐渐减少，但市民实际需求度大的社会背景，提出如何通过改善大排档环境品质，既满足居民日常市井生活需求，又不对城市环境产生污染和扰民，进而重现大排档经济的愿望（如图 2 - 5）。

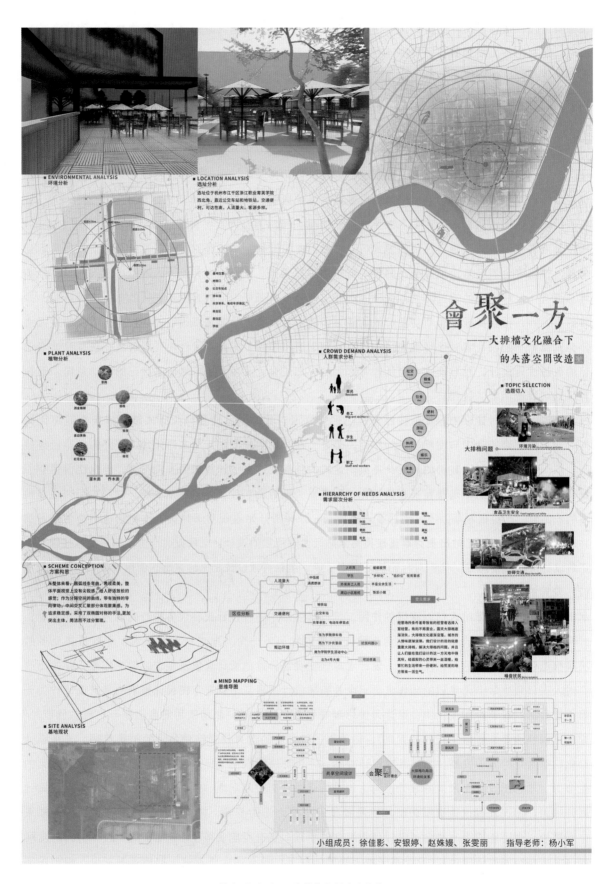

图 2-5（一）　大排档空间改造设计 1

图 2-5（二）　大排档空间改造设计 2

图 2-5（三） 大排档空间改造设计 3

5. 非物质设计

近年来，"非物质"已越来越成为设计关注的议题。物质与非物质是一对辩证统一的关系，是评价设计利与弊、好与坏的两个方面。今天，我们在评价某一设计产品或作品时，已不再会单纯地从设计的功能方面进行考量，设计物给人们带来的行为支持与精神影响越来越受到人们的重视。人们在使用设计物时感受到的尊重、体贴、关爱等，已逐渐成为考量设计成功与否的关键。比如，人们进入医院就医看病，医院的空间环境与设施能否更人性化、更舒适、更有亲和力，使患者和家属在就医时能减缓焦灼情绪，这是"非物质"设计所关注和重视的。

（1）设计的非物质性。

一般而言，传统设计模式存在过分强调空间的使用功能、形式等物质性要素，而缺乏对人的情感需求、行为模式等非物质性要素的关注，而使得空间单调乏味、没有人气。或是虽然对环境中的人的需求有一定的关注，但缺少设计的艺术基因与文化内涵。由于物质社会商品爆炸，使得人们对高度物质化的设计产生怀疑，促进了设计模式的变革，以数字化、信息化、服务型为核心的非物质设计悄然而至，人文关怀在设计中得以彰显，且与技术支持相互融合。当代设计发展的趋势已从基于物质层面的功能设计转向基于非物质层面的战略设计，设计的"非物质性"也随之出现，给设计领域带来了全新的气象。

非物质设计既强调是对物质空间中功能、形式、技术、场地等物质因素的考量，又注重设计对人的情感以及对设计文化内涵的强调与表达，同时满足着人们物质生活与精神生活的双重需要，是设计与人文学、美学相结合的结果。因此，非物质设计成为社会发展的主流趋势，并将逐步成为环境设计未来发展方向中的重要一支。

（2）设计的非物质性与艺术的关系。

艺术是对人类思维、行为、审美的直接反映与再创造，突出反映了艺术家对人与社会的理解与思考，同时也反映出艺术家个人的旨趣与善恶。设计从艺术中演化而来，是艺术与科学技术相结合的产物，通过设计师对艺术的理解和再创造，将艺术中的思想、美学精髓变成一种更加直观、富有创造的载体。也就是说，设计是对艺术物质性的再创造，艺术是设计非物质性的体现，它们之间的联系可以体现为三点：

其一，设计的非物质性与艺术具有同一性。设计的非物质性能够给人提供除设计本身的功能性以外的精神上的满足，在这一点上其作用与艺术的作用是相似的。它们都是通过某种特定的形式载体，表现其精神文化内涵，并最终以人们可以接受与理解的形式表达出来，因此可以说设计的非物质性与艺术具有同一性。通过对这组关系的认识，意味着设计可以从艺术的角度来进行研究，从艺术的角度来切入创新。

其二，艺术是对设计非物质性的补偿。设计的非物质性要得以实现，必须借助人们对艺术的通识加以补偿。举例来说，贝聿铭设计的苏州博物馆庭院中，通过对石片的造型设计成"山"的形式，并以白墙作背景，倒影在庭院的湖水之上，营造出中国水墨画般的特殊意境。但是如果观赏者缺少对于水墨画的认识，则无法了解这处设计中的非物质意图。因此，艺术是设计非物质性得以实现的补偿与满足系统。

其三，"设计追随艺术"。艺术是比设计更加纯粹的一种精神追求，因而艺术对于人类精神需求的把握远远超过设计，如果设计想要更好的向着情感化、人文化、内涵化的方向转变，来满足人类的精神需求，那么它与艺术的关系就应当是"设计追随艺术"，只有这样才能从艺术中获取把握人类精神需求的方法，实现设计的非物质性意图。

（3）艺术的转化——以扎哈·哈迪德为例。

将艺术转化成设计，并不等于设计对艺术的具象表现，有时候可能只是一种思维、一种形式、一种语言。

扎哈·哈迪德就将这种建筑与艺术的转换诠释到了极致，她自己直言苏联先锋艺术是她的精神来源，她深受马列维奇至上主义的启发形成了自己感性的设计思维，并开辟了一条美学姿态的建筑创作之路。她的设计草图就如同一张抽象画，给人以强烈的直观感受，也正因为如此她的建筑设计作品也常被称为是"绘画性建筑"。人类征服宇宙的欲望，在绘画中也得到了充分的展现，马列维奇两幅"反重力"作品《白底子上的黑方块》《白底上的白方块》的先后问世（如图2-6），标志着艺术对于宇宙空间征服、探索的强大欲望，同时也标志着至上主义精神的最高表达，这一点深深影响着哈迪德。她继承了这种极致的创作精神，并加以创作利用，随之设计的"辛辛那提当代艺术中心"就如同是脱离了地球的引力一般，悬浮在空中（如图2-7）。哈迪德自述，在这座建筑设计之前，她只相信有重力的物体存在，而在此之后，她相信建筑也是可以漂浮的，也可以没有重力而存在。许多人认为哈迪德是一种形式上的建筑设计，其实事实上恰恰相反，构成主义使得哈迪德极端重视建筑的空间与结构，而对装饰却不以为然。构成主义艺术家加波和佩夫斯纳所写的《现实主义宣言》中，就明确阐述了构成主义由内向外塑造空间的理论，认为空间、形式、结构之间存在着因果联系，其丰富的造型语言已经不需要更多的装饰来对建筑加以修饰了，这样的观点在哈迪德许多的建筑设计作品中都可以得到体现。

图2-6　马列维奇作品

图2-7　辛辛那提当代艺术中心

艺术要实现对设计的转化，需要设计师长时间以来对艺术的解读与探索。空间环境概念设计对这方面的探索，具有开拓全新设计思维、空间建构的现实意义。但对于学生来说，这样的探索绝非易事却也值得尝试。在对艺术与设计转化的探索过程中能够帮助学生建立不同的设计视角，看到除传统设计手段以外更为广阔的设计之路。从另一个角度上看，虽然学生尚不具有将艺术完全转化成空间的能力，但是以设计的某个局部或是小尺度的空间设计对设计的非物质性进行探讨，也是具有重要的现实意义。

# 2.2  设计团队

"当设计开始解决各种各样的问题，并在创新过程中逆流而上时，那些独自坐在工作室、沉思形式与功能之间关系的孤单设计师，已经让位给跨学科的团队了。"——IDEO总裁蒂姆·布朗

## 2.2.1  跨学科团队建立

设计活动是一项集体性很强的实践活动，只有善于与人合作、与人沟通，才能把事情做好。建立团队是开展高质量设计工作的基本前提，将在很大程度上促进团队中个体的潜能激发和专业发挥。近年来，跨界合作、跨界设计的兴起，学科专业的壁垒逐渐被打开。由于多学科知识相互交融碰撞，产生更多的思想火花和创新概念，跨学科设计团队逐渐受到学界和业界的青睐。

现阶段，在高校设计教学中同专业的学生组建团队，仍然是设计教学组织的主要方式。其优势在于课程协调便捷，学生课余时间重叠较多，相互之间配合较为默契等特点。然而由于同专业的思维模式较为接近，突破创新的难度提升，或者因缺乏某方面的知识储备而使得问题思考陷入僵局。在设计课程教学中建立跨学科团队，被普遍认为是解决传统教学困境的有效方法，是推动深入探索、解决问题的有效模式。而跨学科团队的建立需建立有效的模式与机制（如图 2-8）。本书将从三个方面进行简要阐述：

（1）建立团队机制。为保证概念设计课程有效有序的推进，首先应当制定适合团队特征的有效机制，较为常见的是"T"型结构团队。"T"型结构中的"—"指的是团队是由各种学科背景、专业经历的人员构成；"I"指的是团队成员共同组成一个有序分工协作的梯队。团队成员既要相互协作，又需要合理的工作分工，例如：组长：YYY（统筹负责）；组员：XXX（图版设计）、HHH（统计数据、报表分析）、DDD（草图建模）、KKK（草模制作）……

（2）营造团队氛围。良好的合作氛围是突破学科专业交叉障碍的有效方式，团队成员相互理解和主动沟通是团队建立的必要条件。为提升团队凝聚力，提出具有激励性的团队名称或口号是一种简单而直接的方式，能给予团队成员一种团队的存在感和归属感，让每一个队员都有共同的奋斗目标。

（3）加强团队管理。管理学讲义里强调，三个人以上的团队就会产生人员管理的需求，并且这种需求会随着人数的增长而增长。当团队人数较多时，单一的纵向合作流程应向网络化结构管理发生转变，在充分发挥团队核心作用的基础上，可以在一个大团队中建立小团队，通过每一个小团队的分工，提升团队的工作效率，降低合作过程中重复的沟通成本，形成有效的合作关系。

以上是建立团队合作关系的一些常规策略与建议，在具体的工作中，也需要具体问题具体对待，充分调动团队中每一个队员的能力，扬长避短，充分合作。

设计项目本身就具有团队性质，团队集体完成设计项目的好处：①相互讨论、相互激励，思想相互碰撞能够产生更多的思想火花；②能够全面地考虑到事物的各个方面，比之个人考虑更全面、更周到；③相互支持、相互鼓励，遇到困难时可抱团取暖；④当构思出现瓶颈或推进遇阻时，旁人点拨或不经意的一句话会使你豁然开朗。

图 2-8　设计团队

## 2.2.2　团队意识培养

人类社会进入信息时代以后，知识的爆炸、专业的细分与行业的协作现象日益明显，从而使得设计师们不再把设计局限于某一个领域，也不能再局限于某个领域中。同时，未来设计将不再仅限于是设计师的个人行为，跨学科、跨领域的团队协作是未来设计的必然趋势。在交叉融合成为现代学科专业发展的重要特征背景下，设计教学要树立跨学科意识的培养，特别是设计专业的学生，跨学科团队合作意识的培养尤为重要。

概念设计课程鼓励突出跨学科交叉思考为核心的学习研究能力的培养，培养学生跨学科、跨专业团队的协作能力。同学间的相互合作、交流，根据各自的特长发挥在团队中的作用。尤其是不同专业的学生共同参与一个项目，同学间水平和兴趣的差异可推动设计质量的提高和风格的多样化。

在概念设计课程教学中，重视建立针对特定课题的设计团队，提高学生的团队协作意识和能力，集众人之所长，突出学生独特的设计思维和探索精神的培养。团队中的所有学生可以在设计课题的不同方面和不同阶段进行合作设计，经常性的小组讨论和评估，在实战中综合运用所调查、分析、设计、管理、策略、沟通等方面的知识。这样，能有效解决学生总是以自我为中心、脱离现实的设计习惯，以便以后能迅速适应未来实际设计工作需要。具体可有以下几点原则：

(1) 1＋1＞2。

本书对"1＋1＞2"的解释并不仅是展示团队合作的力量要大于个人与个人间的叠加，而是要重点说明一种组合的可能性。举例来说，如果在红色中加入蓝色，就会产生紫色，如果在红色中加入黄色，则会产生橙色，这是生活中的常识。如若进一步思考，不难发现这意味着不同的组合会产生不同的结果。团队组建也是如此，应当看到组合的多种可能性。在以往的教学过程中，学生大多倾向于"我只和好朋友组队"，这就不免失去团队的意义了。正确的组合方式，应该是冷静分析所面临的课题任务和自身优劣势，选择在能力上更为互补的合作对象，以达到相互取长补短，获得除课程任务以外的团队效益。

（2）"懒蚂蚁效应"。

微课视频

团队意识
培养

这是一种非常有趣的生物现象，蚂蚁团队中常常存在着一些看起来无所事事的蚂蚁，但是生物学家发现，如果蚂蚁团队中缺少"懒蚂蚁"的存在，则蚂蚁团队便无法正确找到食物，甚至陷入混乱之中。较之于人而言，"懒蚂蚁"可类比是一个团队中善于思考、把握设计大方向，但却不愿被杂务缠身的人。由此，可从中得到启示的是，一个团队中有踏实、肯干的"勤蚂蚁"固然可靠，然而"懒蚂蚁"的存在价值也是不容忽视的。当然，"懒蚂蚁"绝不等于"甩手掌柜"，团队成果需要团队成员共同创造，因此在团队组建之初就应当充分建立"共建合作成果"意识以及任务分配的法则，以保证教育教学任务的正常开展。而作为教师应及时洞察学生的合作情况，做出适当的协调，也是日常教学工作的组成之一。

（3）尊重集体智慧。

法国学者古斯塔夫·勒庞在《乌合之众》一书中提出，群体的平均智力总是低于个体水平，但是在感情及行为激发方面，不同环境中的群体表现将会与个人有较大差别。尊重集体智慧意味着在团队中需弱化个人英雄主义，这也是塑造良好合作关系的基础。当个人进入团队，便不再使用孤独的个体这个身份在思考和行事了。团队中的每个人应在进入一开始就明白，从那一刻起他们所获得的任何成果，都是集体智慧的结果，无论成功与否，都不应将其归功于个人的优秀，或归咎于个人的无能。概念设计课程教学中，将得失归咎于个人是学生较常出现的误区，因此在建立团队之初，教师就应明确提出尊重集体智慧的重要性。

### 2.2.3　团队的课程意义

意识培养——以"主动参与、积极学习"代替"盲目学习"

共同进步——以"普遍优秀、优秀拔尖"代替"个别优秀"

相互勉励——以"完整项目、系统训练"代替"课堂作业"

在以往的设计教学过程中，通常以个体作为单位，虽然可以全方位培养学生独立完成设计的能力，但是设计过程却缺少开放度和协作性。概念设计课程需要全面的思维能力训练，决定了团队建立对于课程的重要性，个别优秀的学生加入到设计团队当中充分起到带动的作用，每个学生也在团队中寻找到适合自己的位置，较高质量地完成学习任务，从而得到共同进步、主动学习的结果。团队合作意味更高的课程要求，项目的完整度越高，学生的收获就越多。

当代设计越来越强调团队的重要性，一是由于今天的设计项目跨专业跨领域特征越来越明显，需要组成由多学科专业背景人员团队来应对复杂的设计课题；二是为了提高工作效率，分工比一个人做所有事效率更高。

## 2.3　设计体察

18世纪早期，亚历山大·蒲柏提出"向场所之灵请教"的设计灵感，开创了场地特征与个性考察分析的先河。如今田野调查与分析已成为环境设计的主要工作和设计基础。设计工作的原点是体察，包括体察世界、体察生活、体察文化。只有通过体察获取充分的基础资料，设计才能有据可循。概念设计前期的体察调研是寻找问题、形成设计概念的重要途径，也可以说是通过体察调研来发现事物之间的关联，并在体察调研中思考和体会，进而实现概念预测。另外，对现有同类设计的分析调查往往能进一步预测市场发展的走向，更具有深刻的启示作用。要保证概念设计课程的顺利开展，在设计之前需让学生进行充分的选题体察，避免匆忙选题。

设计体察能力的训练和形成，并不是短时间内就能完成的，一是需要日积月累的探寻，二是需要细致缜密的体悟，三是需要天马行空的联想。要通过循序渐进的习惯养成和持续不断的方法训练，才能增强自身对设计对象的敏感度与逻辑思维习惯。

## 2.3.1 体察调研的内容与方法

**1. 体察调研内容**

通常，设计体察有两重层次，首先关注他人做了什么，倾听他人说了什么；其次要关注他人没有做的，倾听人没说出来的。因为有时仅将注意力集中在已知事物的再确认，而不会带来令人惊奇的新发现。为了打破惯性思维，找到全新的信息，我们更要关注他人没有做的，倾听他人没说出来的。

本书将概念设计体察调研的内容，分别为历史调查、环境调查和受众调查三个方面，以此形成体察调研的整体架构。

（1）历史调查。

历史调查包括对设计目标场地的空间肌理演变、历史与变迁、人文环境演变等情况，受众人口数量增减、年龄、性别占比的变化，产业转型、经济模式、产权变更等信息。对这些场地相关历史信息的调查与分析，可以研究出场地在过去的时间是如何变化演变的，并以此推测在未来的社会发展中将会产生什么样的变化。这样的研究，可以使得设计变得更加有针对性，同时能够发现场地中隐性存在的问题，并在设计中加以探讨。

（2）环境调查。

环境调查包括调查场地中的物质环境和社会环境，场地地形地貌特征、水文气候、自然资源、交通状况、物质遗产、历史文化特征、地区社会背景等都属于环境调查的范畴。例如在景观设计中，必须与自然进程中系统和元素相结合，当地的气候、地理和地形、土壤、动植物种群，乃至空气等生态系统，都将列入调查的范围。后期设计策略越复杂，所依赖的数据也就要求越完整。

（3）受众调查。

受众调查主要指对当地或使用区域不同的社会人群状况，比如残疾人与老年人、儿童以及青少年、男性与女性等人群的性格爱好、真实需求、经济状况、年龄结构、生活方式、消费模式等信息情况开展调研。当直接观察或间接研究都没有办法获得充分的调查信息时，可通过询问体察对象获得信息，这也是受众调查的主要渠道。许多特殊的生活方式与民俗习惯必须透过交流才能更具体地获得。

**2. 体察调研方法**

概念设计是一个不断观察、听取、记录和思考的过程。眼睛和耳朵是所有感官中最敏感的工具，"熟视无睹"是设计最大的敌人，我们周边许多的生活点滴均有着设计概念的感悟与养料（如图2-9）。

（1）观看。

观看是设计体察调研最主要的方式。凡是与体察目的有关的行为反应和各种现象都要仔细察看。观看的内容可以分为三个部分：一是观看体察范围内的人类活动，例如生产、耕作、出行等；二是范围内的生物物理特征，即体察范围内的自然环境；三是文化与社会人文讯息。对这三个部分的整体观看，将形成体察对象一个完成的身份信息，这信息是独一无二的。

图 2-9　体察调研方法

（2）倾听。

凡是体察现场发出的声音都要聆听，特别是体察对象的发言，更要仔细倾听。对于环境的倾听，可以理解为对体察现场的感性认识，例如对一个小区环境的体察，那么有效倾听就可以获得类似周围的街道什么时间最嘈杂，什么时间最安静，小区内动物的活动量什么时候最大最密集等等这样的讯息，加深对该小区中生活着的人们的感性认知。对体察对象发言的倾听，可以建立对体察对象的理性认知，将有助于进一步了解体察对象的真实情况。

（3）询问。

体察者在恰当的时机，可面对面询问体察对象有关的问题。在这个环节中，体察者能够更有针对性地了解到想要得到的讯息，往往在这些讯息中能够最为真实地反映出体察对象的实际需求与心理期待。有效的询问体察，可以帮助体察者更好地收集体察讯息，以辅助接下来的设计环节。至于询问什么样的问题，可以是事先准备好的，也可以是在体察过程中产生的，一旦开始询问，就应当尽可能多的收集同类人对同一问题的回答，或不同类型的人对某一问题的回答，以保证收集到的讯息有效而全面。

（4）思考。

从体察现场获取的信息都要理性、辩证地思考分析，随着体察活动深入进行，逐步形成自己的初步看法。在问题分析的过程中，应当考虑体察对象的客观条件。例如同样是景观水景的问题，家长可能会认为安全性是最重要的，儿童可能认为亲水性是最重要的，设计专业的人可能认为美观性和合理性值得关注。只有综合系统分析不同的观点，才能保证分析思考的客观性，从中发现不同人群的需要和相互之间的联系。

（5）记录。

正所谓"好记性不如烂笔头"，养成记录习惯和能力，是学习设计的重要条件。熟练掌握并灵活应用设计记录方式是环境设计师必备的技能与素质。设计体察所获取的信息，需要正确的方法加以整理与呈现，这就涉及设计记录。环境设计中的记录必须强调专业性和准确性，才能真正形成设计构思推进和项目执行的支撑与保障。通过笔记本速记、照相机摄制、录音笔录制等方式，快速记录下观察和体验的过程与结果，并形成有效信息。记录的时候不要求将观察到的细节全部记录下来，只需要选择关键的字句进行记录即可，也可以配一些帮助唤醒记忆的图例，以方便在需要时候回忆和整理。更为详细的记录可以依托录音、摄影设备来辅助完成，以便在做更为详细的数据整理时不会遗漏重要的线索信息。

（6）角色体验。

角色体验是一种以个人参与场景为形式的概念洞察方法，有时有些问题和方向表面看起来并不明显，经常被当作自然和习惯而被忽略。角色体验从本质上将问题与概念直接联系在一起，体验是对全局的一种理解。这种独特的方法为发现问题和引导思考的方向提供了一条不同寻常的、简捷有效的途径。创建新型的角色体验已成为增加设计创新点的重要来源。

角色体验包括心理角色体验和身体角色体验两种。心理角色体验可以随时随地进行，通常由体验者自己在脑海中通过特定的思考来完成。身体角色体验则是一种真实的行为互动，在现实的空间环境中进行角色体验，现实环境中任何资源都要引起体验者的注意。通过角色体验，实际上是一种换位思考，可以发现并理解许多关键的问题，为概念设计提供多种有价值的参考。

3. 体察框架

通常，在制定设计体察调研计划时，需要将体察目标内容具体化，并给予明确的框架限定，以保证体察调研条理清晰、侧重明确，避免产生过多无用的记录或信息遗漏。体察框架的合理性直接决定了设计体察得出的对象分析、调研结论、设计推导更加全面、更加具有价值（如图2-10）。

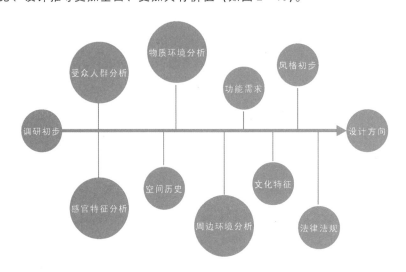

图2-10 调研的核心问题

常见的体察框架有AEIOU框架、4A模型、POEMS框架、POSTA框架、事理框架等。下面选择介绍美国伊利诺伊理工大学使用的POEMS框架，将指导我们在设计体察时，该体察什么，怎么记录并考虑后期的资料整理分析。

POEMS 框架来自于美国伊利诺伊理工大学设计学院对设计理论做出的大量研究，其中 Kumar 在 *User Insight Tool* 中提出的对用户研究理论体系及其研究程序和方法最为出色。他侧重于对设计流程以及人们日常生活的研究，并通过分解、编码将这些数据整理成数据库，以方便信息的快速回顾、搜索及深入研究。POEMS 框架是记录用户交互行为的研究工具，其内容包括：

P（People），即被观察人（人群）；

E（Environments），即体察内容所处的环境；

O（Objects），指体察时所看到的物体，尤其是与被体察者相关的物体；

M（Messages），即被体察事件过程中，可能相关的信息，如动作、现象等；

S（Services），指被体察者在事件中，可能涉及的服务。比如公共空间没有无线网络，则人们的行为会有所不同。

如下表：

| 人 P | 环境 E | 物体 O | 信息 M | 服务 S |
|---|---|---|---|---|
| 儿童 | 游乐区 | 爬梯、滚轮、积木、坐垫 | 搬弄积木、坐垫上打滚、争抢滚轮、从爬梯上跳下 | 获取积分 |
| 家政 | 卫生间 | 抹布、马桶、洗衣机、水龙头、清洗液 | 清洗抹布、马桶消毒、动作小心、等待蓄水、避免二次沾污 | 获取评价 |

通常，在通过体察调研后获得一堆笔记、录像和照片等媒介资料，这些成果必须要转化成相应的设计素材并为之服务。因此，在获得足够的体察素材以后，需要将素材按照框架进行整理，并抽取体验设计要点，例如性别、认知、情感等。随后还需对人群差异、行为特征的对比研究，方能得出合理的分析结论。

## 2.3.2 民间智慧的启示

日常生活中隐藏着许多朴实的生活智慧，比如煮面时怕水溢出在锅子上方放一个勺子即可避免，在马桶的水箱中放入一个装满水的矿泉水瓶可以有效节约用水等。这样的民间智慧是生活的无意之举，但却是设计的灵感之源。另外，许多设计在实际生活应用中都会产生变化，这些变化是使用者们根据自己的需要对设计进行的再创造，这同样也是一种民间智慧的体现。例如椅子是用来坐的，但我们经常会把上衣挂在椅背上，这样一来椅子就被赋予衣架的功能。

民间智慧往往看似平凡却出乎意料，但深入剖析其背后原理，仔细分析民间智慧中所包含的对环境、器具等因素的巧妙利用，以及其内含的价值原理与思维依据，是设计向生活学习的重要渠道（如图 2-11）。日常生活中蕴含的民间智慧，通常包括以下几个方面：

(1) 地域特征。

地域是具有一定界限的空间范围，在地域内部表现出的明显的相似性和连续性特征就是所谓的地域特征，它是一种自然要素和人文要素的有机融合。通过对地域特征的分析，可以研究出该区域内的人在应对当地环境问题时展现出来的民间智慧，如客家土楼、山西窑洞、苗族吊脚楼等传统建筑形制，都是民间智慧在建筑营建中的体现。

(2) 环境要素。

环境要素是包括自然环境要素和人文环境要素，这里说的环境要素主要指山水、林田、大气、岩石、生

图 2-11 民间智慧

物、阳光和土壤等自然环境要素。人类敬畏自然,同时也要学会向自然学习,如仿生学就是其中最为突出的代表。通过仿生研究,人类大大地改进了机械、建筑结构和新材料、新仪器和工艺研究,创造出许多适用于生产、学习和人们生活的先进技术。

(3) 科学依据。

人的许多日常行为并不是仅凭借人的本能,还包括了个人的经验、学识、眼界等各个方面。因此,日常生活中往往也包含着丰富的科学依据,能给设计带来许多意想不到的灵感。

(4) 生活体验。

生活体验是我们展开概念设计研究的重要渠道,在生活中我们可以积极地对各种环境展开体验,记录和调查不同人的不同感受,并对其进行研究。通过体验,我们可以对现有的设计提出合理的质疑,从而实现设计创新。

(5) 对象需求。

设计对象的需求实质上就是对生活体验的一种反馈,人会根据自己的生活经验而产生设计需求。但这种需求并不是需求本身,而往往混合着解决方案,这就需要设计者对设计对象提出的需求进行分析,而从中剥离出真正的问题。

当然,在日常生活中对民间智慧的研究必须有真实依据,不能全凭主观想象,必要的时候可以采用调查问卷或者面对面访问的方式,获得对收集到的民间智慧更为深入的理解。

# 知识单元 3
# 设计概念与解析

● 学习目的及要求

通过本知识单元的讲解与学习，培养学生建立宏观的设计视野和系统的综合处理问题能力，引导其不仅关注设计本身，更加关注社会、文化、生活的过去、现在和将来，养成以开放的心态学习新知识、新思路的习惯，并能从广泛的意义层面审视和应对不断变化的新知识和新问题。

通过在前期设计选题与体察的基础上，将课题设计中诸如造型、风格、结构、肌理等构想以一定的逻辑关系呈现，推进基于不同渠道的概念定位。通过对各种设计限制条件的解析，引导学生善于从日常生活汲取设计概念的养料，明确体察生活、体察环境和关注民间智慧的必要性，促进学生善于思考、辩证思考精神的形成。通过设计日志的建档与管理，训练学生文字能力与逻辑分析能力。通过设计图解的训练，强化学生设计图形思考、图形分析与交流等设计思维与表达的能力。

● 实践内容

按照课题设计要求，开展不定期的头脑风暴与视觉风暴，立足功能、技术、文化、环境等多维路径的概念设计推演。整合设计过程资料，以图版形式分阶段成果发布，进一步加强设计日志的建档与管理。

# 3.1 设计定位

## 3.1.1 概念设计定位原则

### 1. 设计概念

设计概念是设计者针对某一设计所产生的诸多感性和瞬间思维进行归纳与精炼而产生的思维总结。设计概念并不是凭空想象和臆造出来的，它源于对设计对象的地域特征、空间特征、文化内涵、受众需求等客观因素的研判，以及融合设计者个人生活历练、知识积累、信息激发和常态思辨等主观因素，综合形成具有一定价值认知、思维模式的设计源点或定位。

正如前文所述，概念需要某一特定的介质得以传达，通常在形成某一设计概念前，往往需要对某一特定事物进行正确的陈述、分析和判断。进行这项工作最重要的是将所希望讨论的内容进行分类，由于关注问题的角度不同，针对同样的事物会存在多种观察和陈述方式，并且由于这种多样性，事物会与人、环境、社会、文化等建立起复杂多样的关系。比如，对"床"这一对象进行观察与陈述。可以从床的尺寸、尺度、形状、材料等物理特性切入，也可从睡眠、坐、交谈、工作等功能特性切入，也可从床在不同历史时期、不同地域的差异性等文化特征切入，还可以从人一天的生活规律、人需要的最小生存空间、外来人员的居住条件角度等衍生特性切入。分析这些特征的形成原因、变化过程、内在外在的影响等，转化描述为"关于……的意识""具有……的含义"等，设计观念由此形成。其后在进行居室设计的概念构思时，可以采用历史调查的方法研究"床"，床作为休息器具在历史上有了惊人的面积增长，以此为切入点，设计结果将整个住宅变成床的延伸，并且与日常生活中的各种行为建立新的关系（如图 3-1）。

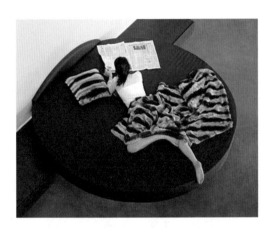

图 3-1  拔步床/吊床/现代床/韩熙载夜宴图/罗汉床

设计概念是一个设计项目的核心观点，具有前瞻性、探索性和创新性特质，是在熟悉市场运作规律和潮流趋势文化的同时，对未来几年甚至是更长时间内可能出现的消费群体的使用信息作出相应的预测，得出未来设计的发展方向，通过设计向人们展示一种新的生活态度，引导消费，使设计对市场产生导向作用。

概念设计的核心在于设计概念，不同的设计概念切入点，体现出不同的创新理念；不同的创新理念，创造出不同的设计空间。用种子与花的关系来做比喻，设计概念就是概念设计中的种子，概念切入点就是种子生长的环境，而最后开出的花朵就是创新理念。对同一个概念如果切入点不同，就相当于把种子播种在不同的环境当中，最后产生的创新理念自然不同。例如同样是针对"地域性"这个概念进行设计，如果从文化的角度去切入，那么产生的可能就是民族特色方向的创新设计；如果从环境肌理的角度去切入，最终产生的可能就是关于景观生态设计方面的创新设计；倘若从特定受众的角度去切入，那又会产生其他与之前完全不同的创新理念。因此，在进行概念设计时，除了提出设计概念本身以外，对设计概念如何理解，如何切入，也是非常有意义的。

　　设计概念是否准确和完善直接影响概念设计的质量与价值。一个优质的设计概念需要对设计对象和受众人群有充分的调查和解读之后方可以提出。设计概念的生成不仅要考虑设计对象本身，还要考虑设计对象以外的相关社会、经济、技术、环境、文化等方面的情况（如图 3 - 2）。因此，在设计概念构思阶段需要设计者拥有综合的判断能力，并能够敏感地抓住事物的本质是至关重要的。通过对特定人群、场地、空间等要素的定位分析来确定设计概念，之后通过设计思维的发散寻找设计元素（如图 3 - 3）。

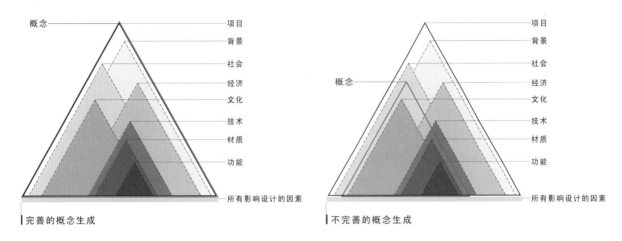

图 3 - 2　概念生成的影响因素

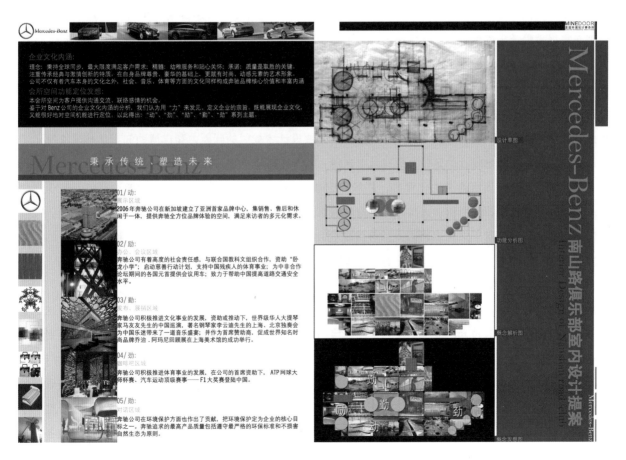

图 3 - 3　奔驰俱乐部室内设计提案

2. 概念定位的原则

(1) 可持续原则。

基于可持续原则的设计概念分为两个方面，一是强调绿色生态可持续，美国设计师麦克哈格在其1969年出版的《设计结合自然》一书中指出，生态学应成为设计的重要前提，世界进化是一个创造性的过程，在这个过程中人与自然是不可分割的依赖关系。绿色生态对于概念设计而言尤其重要，必须在设计开始的阶段就引起足够的重视。另一个方面，可持续原则意味着设计概念必须有意义，是值得研究、有发展前景和空间的。若设计概念无意义，则意味着定位错误，视作伪命题，这也是在课程之初必须引起重视的。

(2) 包容性原则。

科技进步、需求复杂化的今天，唯一不变的是设计的最终目的都是为了人的需求，因此"人"才是设计中的核心问题。包容性原则的意义也可以分为两层，首先在概念定位时，应考虑是否适合设计对象中的人；其次对高龄人群、肢体障碍人群、特殊人群是否具有驱逐性。包容性原则是社会进步、人类需求提升的必然要求，设计师必须在设计中充分考虑各类人群的生理、心理与精神需求，以扩展其概念的内在意义。

(3) 适应性原则。

一是适应市场需求。对于概念设计来说，概念定位应开始于对市场需求的认识，终止于对市场需求的满足。因此，在设计之初应当重视市场调查，预测市场发展动向，以寻求恰当的概念定位。二是适应科技、生产发展的要求。概念设计的定位，既要符合现代生产力和科技条件，又要与其未来发展相适应，既要在制约下进行设计，同时又能够推动生产力的发展。如若说，概念定位既无法满足市场需求又过分超越概念设计能力范畴，则必将导致设计走向失败，这就体现出概念定位中适应性原则的重要性。

## 3.1.2　概念设计定位来源

设计概念是一个主观因素与客观因素相互作用的过程和结果。对于任何一个设计概念，如从不同的切入方向，会对设计道路产生决定性的影响，而这样的判断需要设计者敏锐的判断力和广博的知识结构来支持。

通常，空间环境概念设计的定位大致有几个来源：其一，基于功能层面——从功能拓展出发，尝试发现生活中潜在的需求或未能满足的个性化需求，并加以创新性的解决，以此来定义新的功能；其二，基于场地层面——从空间场地出发，努力协调人与人、人与环境之间关系，通过创新的手段来解决空间环境问题，或改善空间环境质量；其三，基于文化层面——从多维文化出发，通过辨析文化在全球化与城镇化进程中的协调作用，发现文化价值与魅力，从而建构设计的文化策略。

1. 基于功能的概念定位

功能是设计的基础。环境设计的功能是指在解决城乡发展过程中营造满足人的生活或生产方式需求的有效空间环境。时代的发展与技术的进步，人与空间环境的互动关系被前所未有地强调和重视。设计必须对空间功能进行新的定位，传统的空间功能将被重新定义，例如办公空间不仅要满足正常的工作需求，更要体现灵活、高效、愉悦、弹性工作方式的特点。另外，设计的功能是多层次的，在考虑主要功能的同时，也要兼顾其次功能或辅助功能。例如家具的主要功能是解决人的坐、卧等休憩功能，而辅助功能指搬运、堆放、折叠等状态和过程的功效，这些都应该成为家具设计时所需要考虑的因素。基于功能性的概念定位，需对设计的各类功能有充分的理解，并结合功能的使用者及设计环境的综合研究，才能得出合理的功能性概念定位。

如日本设计师手冢贵晴设计的东京立川富士幼儿园——屋顶之家，设计之初设计师希望保持幼儿园欢乐的气氛，他观察到孩子很喜欢绕着东西一圈一圈奔跑，于是将幼儿园的屋顶设计成了一个巨大的环形露台。教室之间甚至没有明确的隔断，孩子不喜欢坐在课堂里的时候，他们可以自由地跑去别的教室，因为建筑是环形的，所以最后他们又会跑回来。建筑保留了原有场地上的大树，将他们与建筑融为一体，孩子完全能贴近自然，甚至可以爬树（如图 3-4）。

图 3-4　东京立川富士幼儿园

再如《夕阳下的一个盹儿——休闲露台设计》，设计场地是一个 12 米×7 米的二层露台，为了强化场地的"休憩"功能，设计提取了一天中最缱绻最惬意的时刻——黄昏，作为设计营造的意境，形成"夕阳下的一个盹儿"的设计概念。场地内用白色的钢架搭建了"亭子"的轮廓，并用硫酸纸制作了"晚霞"作为亭子的顶部，在"亭"下设置了躺椅、风铃，外加细叶芒、小兔子狼尾草等植物以及用以反射顶面晚霞的镜面桌，整体塑造了空间的慵懒气氛，完美诠释了以黄昏为主题的休憩空间设计（如图 3-5）。

2. 基于场地的概念定位

场地是环境设计需考虑的必要因素，因此我们也可以从场地上寻找设计的突破口，进行设计概念定位。基于场地的概念定位，需要设计者对设计场地中的空间、气候、环境、人群等做综合性分析，提出恰当的设计概念定位。环境设计最常受到场地的限制影响，设计师常常需要在极为狭小的空间中实现对整体空间的充分利用，或者是对整体形态非常不好或难以操作的场地提出合理的设计方案。如在城市迅速发展背景下，设计师对城市废弃空间、碎片空间的关注，提出对这些"被遗忘的角落"的再利用等设想。

如苏州博物馆位于苏州的历史街区，紧邻拙政园和忠王府。面对如何融汇传统与现代的问题，贝聿铭先生提出"不高不大不突出，中而新，苏而新"的概念，借鉴传统园林中的布局和空间手法，让博物馆建筑融入整个场地，与旁边的忠王府交相辉映，并形成粉墙黛瓦的苏州民居氛围（如图 3-6）。

微课视频

概念设计
定位来源

图 3-5　休闲露台设计

图 3-6　苏州博物馆

再如曹杨百禧公园项目基地前身为真如货运铁路支线，后改为曹杨铁路农贸综合市场，2019 年因市场关停，而由上海市普陀区曹杨新村街道办事处委托刘宇扬建筑事务所完成的设计作品，意图将其改造为一个全新的、多层级、复合型步行体验式社区公园绿地。项目的场地因素极强，基地南北贯穿长近一公里，宽度介于10 米至 15 米之间，紧邻工人社区，属于超大城市里的典型剩余空间。同时，曹杨新村还是新中国成立后的第一个规划建设的工人新村，代表了时代的集体记忆和历史进程，人文因素同样强烈。在场地现实条件下，设计团队提出了"3K"通廊的设计概念，即通过立体的设计手段赋予场地 3 倍的空间延展。设计将场地向上下两个方向进行了拓展，部分场地向下拓展 1 米，形成半地下一层，首层向上抬高 1.4 米，形成地面空间，再加之离地 3.8 米，南北贯通的高线步道，便形成了三倍空间的基本雏形。同时，为了使场地能满足附近住宅区、学校、商业办公等不同人群在不同时段下休闲活动的需求，设计将全长 880 米的景观长廊划分为南北两翼并通过中段步行系统进行联通。北端入口作为面向曹杨的城市客厅，地面与云桥形成了高低两层的入口广场，可行进、可远眺。而南端以环形廊桥连接了左右的直线云桥，前后各有一棵朴树穿过云桥空隙，随着生长茎叶相互缠绕，行经其中可碰触枝叶，强化自然体验。另外，设计还预留出部分底层空间作为社区"收纳器"，提供如艺术展览、社区活动、文创集市等临时性功能（如图 3-7）。

3. 基于文化的概念定位

功能是设计必须遵循和体现的基本原则，而文化则是体现设计品质和主题内涵的重要内容，赋予超出功能

图 3-7 曹杨百禧公园

之外的特殊意义。文化决定了一个设计的基调与内涵，赋予设计超越纯粹的功能性、技术性的更深内涵，任何设计都无法摆脱文化的影响。文化既是设计的基本特征，又是设计追求的重要目标，甚至可以说设计本身就是一种文化。

空间环境的文化性既依赖于空间形态、色彩、材料等物质要素的配合，也取决于设计者的知识素养、生活背景及生活态度等精神层面的差异。基于文化对设计项目进行概念定位，是激发区域特色，尊重人文环境的重要做法。

如《丹麦超级线性公园设计》，项目位于丹麦哥本哈根的市中心，是一个拥有60多种不同文化的社区，其场地的文化性因素突出程度完全超越了功能和场地信息对设计的影响。设计团队认为该设计项目已不仅仅是一个城市设计，更是一个全球城市的展示窗口，因此设计师摈弃了丹麦传统的城市元素，而是对在地居民及其原国籍的国家展开了调查和研究。任何空间只有通过人的参与，才能展现出活力。因此，设计团队将项目基地定义为一个能够给当地居民创造社交条件的交互空间。场地被划分为三个色彩鲜明的区域，并赋予了各个区域独特的氛围和功能，红色区域为相邻的体育大厅提供了延伸的文化体育活动空间，黑色的区域是当地人天然的聚会场所，绿色的区域是大型体育活动和儿童活动的场地。三个区域满足了各层次人群的社交需求，具有充分调动出这个区域内的活力及文化生机的巨大潜力。此外，场地还与公共交通系统、自行车交通系统以及步行系统无缝连接，从而促成更大范围内的文化交流和活力激发（如图3-8）。

设计利用夸张的色彩运用表现出这个区域活跃的文化氛围，并在环境设施设计中加以细化。场地中的各类设施设计并没有统一的图案，而是选择让60多种不同的民族文化都在这里共生，从窨井盖、垃圾桶、灯柱等等这些小的细节上可以看到完全不同的文化风格，这也是设计师为了让环境中每一个不同文化背景的人都可以

图 3-8　丹麦超级线性公园

获得归属感而做出的选择，也进一步加强对文化多样性的诠释。整个设计的基调是轻松随意的，大面积的活动场地、散步步道和交易集市都烘托着这样的气氛。来自不同文化背景的孩子或者年轻人可以在轻松的游戏氛围中彼此交流，并和谐地相处在一起，产生着新的文化凝聚力。

　　再如《上海后滩公园设计》，后滩公园是上海 2010 世博园的核心绿地景观之一，同时也成为上海城市公共绿地。项目基地为狭长的滨江地带，总用地面积 14 公顷，原为浦东钢铁厂和后滩船舶修理厂所在地。设计要求一方面能给世博会游客留下深刻的印象，另一方面也要充分考虑场地的未来使用。俞孔坚设计团队采用了两条核心策略：一是将城市景观作为生命系统，方案中融入了大量的农业景观，其生产出的果实、粮食可以为城市中的动物提供生存的食物，充分地满足了项目方要展现绿色设计的要求；二是将城市景观作为文化传承的载体，设计结合场地历史，整理出农业、工业和后工业时代畅想的发展线，成为场地的文化特点。两大设计策略最终落点在四个主要方面以实现完整的设计理念：①"滩"的回归：梳理场地，保留滩涂、湿地，通过回归自然回忆渔猎文明；②田园江水：借用农业景观元素，既体现农业文明又展现了绿色设计；③工业遗存：保留工业化时代遗迹，回顾工业文明；④后工业生态文化：构建生态系统、建立多重体验与开放空间，畅想后工业时代文明。该设计落成后受到了广泛关注，一举成为景观生态学在中国发展的重要代表作品（如图 3-9）。

图 3-9（一）　上海后滩公园

图 3-9（二）　上海后滩公园

# 3.2　设计思维

> 设计思维不是艺术，不是科学，也不是宗教。设计思维最终是整合思维的能力。——IDEO 总裁蒂姆·布朗

思维是人脑对客观事物的间接和概括的反映，它既能动地反映客观世界，又能动地反作用于客观世界。人的思维能力的提高依靠人的大脑，人的大脑分成左、右两部分，它们的智力功能不同。科学家对大脑皮质的研究结果表明，人的左半脑的功能主要是逻辑思考、词汇和语言，重局部和分析，其思维方式重点在分析；右半脑则主要掌管直觉和创造力、音乐和图像，重整体和综合，其思维方式更多的是想象和创新。当人的大脑工作时，左右半脑是同时进行的、交替使用。设计活动同样需要大脑左右两方面的配合运作才能完成（如图 3-10）。

## 3.2.1　设计思维特征

设计思维最早是由哈佛大学和斯坦福大学的教授于 20 世纪八九十年代首次定义和提出的。他们认为设计思维是分析式思维和直觉思维的平衡，是将开放性与探索性结合并保持了创新和系统评价的思维平衡。简单来说，设计思维就是逻辑思维和形象思维的结合，既包含了理性的、具有逻辑的思考过程，又具有直觉的、充满想象的思考特点（如图 3-11、图 3-12）。

（1）思维的严谨性。

思维的严谨性指开展设计项目时，要严格遵守逻辑规则，做到概念清晰、过程清晰、推理有据、判断正确，反映思维活动的严谨和缜密程度。其中，推理有据是思维严谨和缜密的核心要求，指推理的每一步均要有根据，要符合逻辑要求，做到论点聚焦、论据充分、论证合理。

（2）思维的敏捷性。

思维的敏捷性指思维主体能对客观事物做出敏锐快速的反应，反映思维活动中的反应速度和熟练程度。只有准确掌握基础知识和形成熟练的基本技能，才能达到融会贯通、思维敏捷。

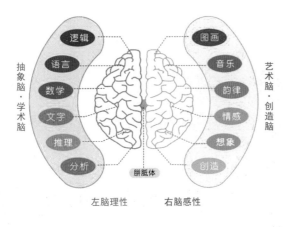

图 3-10　人的大脑功能图　　　　　　　　　　　　图 3-11　综合的设计思维

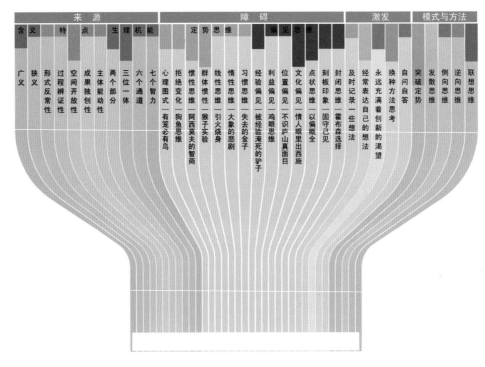

图 3-12　创新思维

(3) 思维的灵活性。

思维的灵活性指能根据情况的变化,及时调整和改变原有的思维方法和进程,不过多地受思维定式的消极影响,从固有模式或制约条件中摆脱出来,反映了思维活动的灵活程度。

## 3.2.2　形象思维与逻辑思维

形象思维也称感性思维,因其具有依据事物构成的特征和形式元素而展开思维派生的特点,常将其称之为发散型思维,是一种具有启发性和跳跃性的思维方式;逻辑思维因其在思考方式上更加依赖逻辑推理和分析技巧,将其称之为收敛型思维。在概念设计的起始阶段设计者往往需要通过形象思维来推演出更多的设计可能性,可是当思维发散到了一定的程度,设计者就会需要收敛型的逻辑思维将其进行进一步的凝练。因此,越是到了设计的中后期,逻辑思维的重要性就越发凸现 (如图 3-13)。

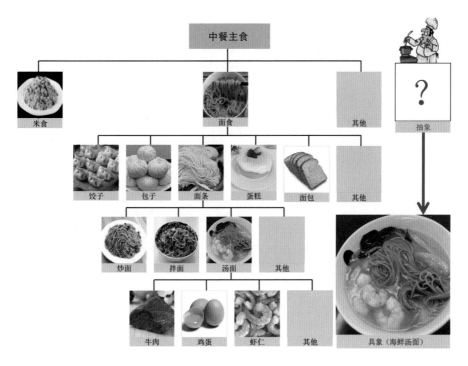

图 3-13 思维的发散与收敛

环境设计教学是培养学生逻辑思维和形象思维的综合教学过程。概念设计思维既是发散的，又是聚焦的，体现为以逻辑思维为主的概念推理和以发散思维为主的概念扩展。

1. 形象思维

(1) 形象思维概念与特征。

形象思维是建立在人的直观感觉上的一种思维模式，它可以透过一件事物的形象元素（外形、色彩、材质、结构）、时空条件（即兴传情）和情感内容（情感细节、个性特征）等方面，对其他具有潜在相似性的事物产生联想，呈现出形象、感性的特点而被称之为形象思维或是感性思维。这种思维方式不会受到物质条件的限制，能够从脑海中再现出为我们所知却不在场的或者想象一些尚不存在的东西。如藤本壮介所设计的"白树"集合住宅，就是从一颗松果上找到的设计灵感。他在观察松果时发现，一颗颗松子就像是一个一个的小房间，而这些房间又十分自然的舒展着，每个房间不但拥有完整的"阳光权"，还有着鲜明的空间领域，但同时这些空间不是松散的，而是通过彼此形成了一个整体。于是，他设计了这个全高 17 层，集办公、画廊、酒吧与餐厅为一体的综合性建筑，建筑拥有着如同松果一样像四周散开的露台和阳台，为建筑提供了相当多样又实用的户外空间（如图 3-14）。

从形象思维的活动路径上看，它具有具象、感观、感触、派生四个特征。具象性指的是人们可以从事物的基本形式中直感到具体的形象认知、形象意义和形象表现，就比如我们会用一些曲线的设计来表现女性的柔美，用刺激的红色表示热情、热烈的设计语义。形象思维的具象特征帮助我们从客观实体的构成要素上探讨每个设计项目最适合、最容易辨认、最具直观感召力的形象元素，从而表达出设计的内在含义。感观性指的是将形象作用于人的感官，以达到传递主题、方式和情感的目的。感触性指的是元素的交互性感触，比如在空间设计中增加一些富有趣味性的形象元素，从而引起认知促动，形成具有意识记性的形象回味感，以赢得人们的玩味和欣赏兴趣。派生性主要指的是形象思维的延展性，借由任何一个基本的元素，形象思维都可以帮助我们从特征、空间、材质、应用等方面进行元素的衍变或是派生，从而挖掘出全新的形象表现形成设计创新。

图 3-14 "白树"集合住宅

（2）形象思维的思考工具。

1）图像思考法。

在我们进行概念设计思考时，较之文字性的思考，采用"非文字性"思考的方法更能发挥人的形象思维。比如，现在我们需要展开与快乐有关的联想，如果仅仅是思索文字，那么我们大概率在想到了高兴、开心、幸福之类的词汇以后便很难继续了。但如果我们思考的是快乐的场景，那么瞬间就可以想象出踏青、甜点等更多的表达词汇。在我们通过场景思考后会发现，原来他们都和快乐有关。此时，如果逻辑思维也可以从旁协助的话，那么我们能整理出来的联想结构便会更加丰富。

2）因果联想法。

形象思维是一种发散性思维，所以它本身就具有派生、多向性的特点，根据这一特点我们可以由一种现象联想到与之有联系的另外多种现象。因果联想法便是这样一种以点出发，形成若干个创意节点的设计方法。举例来说，当我们要为公园设计一个景观凳时，我们如果想到的只有木凳子、石凳子、凳子腿、凳子面，那是很难有所创新的。我们应该首先考虑设计景观凳的原因是什么，应该是休憩，所以"坐"自然而然就是设计景观凳的原点了，那么从"坐"本身出发，哪些东西我们可以用来坐呢，其实在一个公园里有很多，比如栏杆、台阶、秋千、花坛，那么我们设计的内容一下就变得丰富起来了，设计也变得更加有新意了。从设计凳子的原因为点出发，这是一种明显的正向因果，那么如果从秋千往回思考，这种反向因果，同样也是成立的（如图 3-15）。

3）随机输入法。

随机输入法是各种思考工具中最易操作但最不符合逻辑的一种，当设计陷入瓶颈时，不妨可以使用一下这个工具。我们可以随机输入一大堆词汇，然后从中选取两个，通过提取连个词汇的关联性，便可以形成设计概念进行设计创作。例如，在"积木、酒杯、苔藓、标点、住宅、胶带、妖怪、山丘、红绿灯、书架、

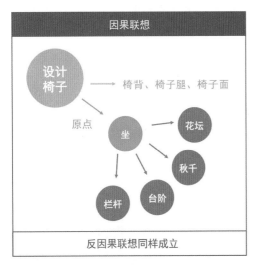

图 3-15 因果联想

小鸟、壁纸、键盘、不倒翁、万年历、镇纸、水果、花瓶、鼻子、打印机、凳子……"中，选取"酒杯""小鸟"而形成的设计（如图 3 - 16）。

在使用随机输入法时要注意：不要把随机输入和现存的东西联想在一起，这样没有任何创新的意义；规定自己只能在给出的词汇中寻找答案，强调随机的意义；不要随便更换词汇，即便你真的什么也想不到。频繁的更换词汇，最终会导致我们的创意归于平庸；可以使用替换方法强化引导，帮助我们解答出自己设置的谜题，但是不要列出对象词汇的所有特点，特点太多的词意味着过于容易，结果也将变得乏味。

2. 逻辑思维

(1) 逻辑思维概念与特征。

逻辑思维是依据事物构成的内在规律、相互之间的必然联系展开思考的，具有抽象、理性的思考特点。根据其思考路径的不同，我们可将其划分为横向思维和纵向思维。纵向思维具有明确的步骤和方向性，对于设计而言更倾向于采用直接的解释和表达方式。而横向思维是一种"主张"从不同的角度思考解决问题的方法，是一种具有启发性和跳跃性的逻辑思维。这种创造性思维的目的在于开创未知的方向，往往能够打破常规并提出非传统的解决方案。

微课视频

逻辑思维

可以举个例子说明，比如对于"户外灯柱"的理解，通常会引起一系列宽泛的联想。按照纵向思维，"户外灯柱"就是一种可以提供照明的设施。而按照横向思维，"户外灯柱"则可以引发关于环境、功能、材料、替代物等不同的探讨，可以作为地标、防护栏，可悬挂旗帜、张贴广告、供小鸟栖息等。在概念设计过程中，这两种思维方式都是需要的。如果说纵向思维可以引发足够的思考和讨论，那么横向思维可以产生更多有趣并有意义的设计可能性（如图 3 - 17）。

图 3 - 16　nendo 设计公司为瑞纳特葡萄酒厂设计的香槟酒杯

图 3 - 17　灯柱

(2) 逻辑思维的思考工具。

1) 水平思考法。

水平思考法在狭义上指的是一系列用于改变概念和感知，以形成新观点的系统方法；在广义上指的是探讨多种可能性。它基于逻辑的横向延伸和联系性，同样要求我们能够站在不同的角度上，尝试以不同的切入点来思考同一个问题，以寻求更多具有创新性的答案。与其他思考方法和工具不同的是水平思考法是一种思考的程序，其本身所包含的技巧和工具还有很多，在这里我们只对它做介绍性的陈述。

水平思考法能快速放大我们的脑力检索范围，从思考一个方法变成思考一系列的策略，提升我们的思考层级，解锁我们受困的创造力。例如，很高的柜子上放了一本书，我们想把它拿下来，可是光是伸手还差一些距离，应该怎么办呢？同学 A 回答："试着跳起来拿"。同学 B 回答："可以用一把凳子爬上去拿"。接着同学又继续回答了找人背、用棍子等答案。到了同学 F 的时候他开始感觉有些困难了。这就是思考的惯性，因为第一个同学回答了"跳起来"这个主动缩短和书之间的距离的答案后，接下来的同学一直在这个角度上想办法，不论用凳子还是别的工具。最后同学 F 回答："我可以撞一下那个柜子，让书掉下来"。

这其实就是在进行水平思考了，他提供了一种新的解题思路——被动缩短了我们和书的距离。那么，从这个思路上说，我们还可以尝试"找找另外另外一本相同的书"。通过不断的替换主体，我们甚至可以逐渐地把思考主体从"得到那本书"变成了"得到那本书上的内容"；或者思考需要这本书的目的，因为那书上介绍了一道菜的做法，那么不必拿了，找一个会做的人吧，因为我们不需要那么书上的全部内容。

由此可见，水平思考能力的强弱与我们的信息整合能力、探索能力有密切的关系，整合、探索的能力越强，我们思考问题的角度就越广。日常思维训练使得我们习惯了某种非黑即白的思考方式，我们对问题的思考始终停留在"真相"和"是什么"上面，而水平思考则要求我们去关注"可能性"或者"可能是什么"，当我们在对这种可能进行想象的时候，便形成了一种模糊的信息处理方式。

然而，我们的大脑并不是时常那么尽如人意的，它无法按部就班的对问题进行思考，因此我们还需要另外一件重要工具来提高我们思考的效率，那就是"六项思考帽"。"六项思考帽"具有很强的实用性，它需要我们主动的将思考过程分为六种类型并进行单独使用。

a. 白色帽子——陈述问题

白色帽子只思考面临的问题是什么，大家将直接去关注问题本身，比如"我们拥有什么信息""我们还缺乏什么""那应该如何获得缺少的部分信息呢"等。当我们戴上白色帽子的时候，就必须抛去事先想好的观点和认识，保持中立。

b. 红色帽子——直觉判断

红色帽子提供的是凭借经验进行直觉思考的机会。虽然直觉不一定是对的，但他一定是凭借经验而下的综合判断，所以不必为自己的直觉道歉。当使用红帽思考帽时，所有人都可以各抒己见，提出喜欢或是不赞同的任何意见。

c. 黑色帽子——提出缺点

黑色代表严谨，黑色帽子是阻止、提醒我们不要犯错的批判性思维。通过批判性思考，可以及时地收敛天马行空的想象或找出错误。但是，黑色帽子不可被过度使用，否则会抑制我们的创造力。

d. 黄色帽子——评估优点

黄色帽子与黑色帽子相对，是一种努力寻找事情优点的亮点思维。如提高汽油的优点是什么？让人主动节约能源。在使用上，黑色帽子更加容易，因为人是很容易带有批判性的，黄色帽子则需要我们去努力寻找和思考。

e. 绿色帽子——持续创新

绿色帽子是创新思维，进行绿帽思考时我们必须努力提出新的想法，它直接要求我们拿出自己创造力，主动激发自己的新想法，促使我们提出更多的可能性回答。

f. 蓝色帽子——总结陈述

蓝色帽子是属于组织者的帽子，属于宏观思维，他将对思考提出计划。我们在课程的团队合作中，可以选择一名组织者戴上这顶帽子，从更加整体的角度看待我们思考的过程，组织者可以积极地对团队的思考模式做出引导。

"颜色"和"思考帽"实际上都是一种形容词，用以强化单独使用某一种思维进行思考的方式，以减少思考过程中大脑思维的混乱。无论是在团队合作的过程中，还是独立思考的过程中，六项思考帽都能起到统一思考方向的作用，从而大幅度地提升思考效率。在使用的过程要注意两点：一是一次只能使用一顶帽子；二是不要过度使用黑色帽子，以避免过度批判，抑制创新力。在团队合作中使用六项思考帽时，还需要额外注意不要对帽子分类，比如和队友说，你戴绿色，我戴黑色，团队中的所有人都必须统一思考。

2）近似联想法。

事物之间是具有普遍联系性的，因此我们的思维便可以通过这种联系提取两个对象的某些相似、相同的性质，或者推断他们有可能相似，这就是所谓的近似联想。近似联想能帮助我们将看似毫不相关的事物进行串联，从而极大地扩展创新思维的空间，产生意想不到的效果（如图 3-18）。

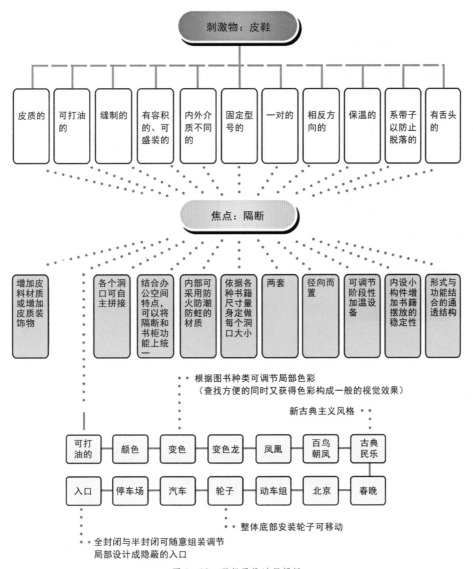

图 3-18  联想思维过程解析

在解决设计问题时，我们先将一般处理方法视作"参照物"，然后从"参照物"中抽离出一个必要特征（核心问题）作为"固定点"，然后寻找具有"固定点"特征的另外一种处理方式，即为替换后的"新想法"。比如家中来了客人，客人说："哎呀，我走的满头大汗，有冰可乐喝嘛?"如果恰好没有，我们会很自然地回答："只有冰的橙汁，给你倒一杯吧。"其实在这里，"冰可乐"就是解决问题的一般方法，而我们提取的必要特征是"冰的家常饮料"，并以此作为"固定点"，我们提出了新的想法"冰橙汁"。或者我们也有可能回答："抱歉，没有，我把空调打开吧。"在这里我们提取的"固定点"则是让人能觉得凉快的事物。

在概念设计时，可以把这个"固定点"当作"概念"，它可分为三种主要类型，也就是我们可提取的角度。

其一，目的。以我们设计的最终目的作为固定点，它是最为明显、常见的一种提取方式。替换的方法十分简单，例如，我们在场地中设置了座椅，目的是为了提供休憩，那么我们还可以用别的什么方式提供休憩呢?这种方式就是什么创新的具体做法，"固定点"就是提供休息这个目的。

其二，分类。上文中列举"冰可乐"的例子实际上就是"分类"这种提取方式，这里需要给一般事物的某个特征取一个名字，或者做一个具体描述，可以让我们更加容易找到替换的方法。

例如，一般事物：橙子——固定点：家常水果——替换：葡萄、苹果

——固定点：圆形球体——替换：玻璃球、小皮球

图 3-19 无印良品 CD 机

其三，相似性。相似性是最为抽象的一种提取方式，它包括外观上相似或者概念上相似两种"固定点"。例如深泽直人为无印良品设计的 CD 机，就是将 CD 机旋转的感觉作为固定点，以联想到了风扇，最终形成了只要一拉，音乐就会流出来的壁挂式 CD 机。深泽直人这样描述，一天，我一边听着从敞开盖子的 CD 播放器播放出来的音乐，一边看着旋转的 CD。当打开开关时，CD 慢慢地开始旋转，当它的旋转趋于稳定后，声音就传播开来。旋转的形象让我想起厨房里由马达所驱动的通风扇，当你拉下通风扇的线绳，叶片就开始转动；过一会儿，当叶片的旋转趋于稳定，风的声音也随之变得恒定了（如图 3-19）。

3) 逆向思维法。

逆向思维也称反向思维或求异思维，即克服惯性思维定势，对司空见惯、已成定论的事物或观点，从相反的视角进行反常规思考的一种思维方式。"反其道而思之"，让思维向对立面的方向发展，从问题的相反面进行探索。在概念设计中，逆向思维往往是建立新设计概念和解决问题的一个契机，如图 3-20 所示，从 A 到达 B 的方法是什么? 需要固定载体模式，不能破坏水面天际线。

逆向思维的类型有反转型逆向思维法、转换型逆向思维法、缺点逆向思维法等。其中，反转型逆向思维法指从已知事物的原理、功能、属性和方向的相反方向进行思考的方法；转换型逆向思维法指在研究问题时，由于解决该问题的手段受阻，而转换另一种手段或转换思考角度，以使问题顺利解决的思维方法，如司马光砸缸救落水伙伴就是一个典型例子；缺点逆向思维法指利用事物的缺点，将缺点变为可利用的东西，化被动为主动，化不利为有利的思维方法。通常，逆向思维的形式有多种，如性质的对立转换：软与硬、高与低等；结构、位置的互换：上与下、内与外等；过程的逆转：气态变液态、液态变气态、放大到缩小等。西安市明城墙连接工程，明洪武三年（1370年）下诏修城，洪武十一年（1378年）完工，历时八年，是我国保存至今唯一最完整、规模最大的古城垣（如图 3-21a）；城墙北段现有一 500 余米的断口（如图 3-21b）；c 以古城墙作为

图 3-20  逆向设计——桥

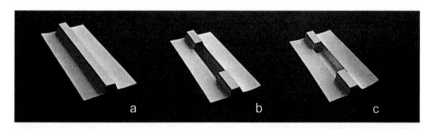

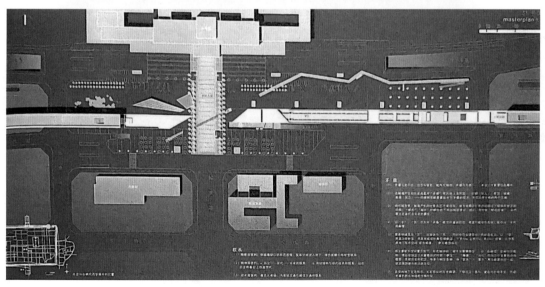

图 3-21  西安明城墙连接工程——概念演变图

联系方式，活动方式由地上转化为地下，将外部空间转化为内部空间（如图 3-21c）。

1987 年，奥地利心理学家瓦茨拉维克提出"一笔连九点"的难题，即在一张纸上画出九个圆点，分布在三行三列，构成一个正方形（如图 3-22）。要求拿笔连续画出四条线段连接所有的点，画线时中间不能提笔，线段可以交叉。瓦茨拉维克说："这个难题的有趣之处在于，每个尝试解题的人，都往往先入为

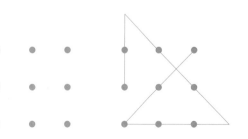

图 3-22  九点四线游戏

主地将描绘线段的范围局限于四角的点所限制的正方形。而实际上，只有当我们在画线时超出这个正方形时才可能解决这个难题"。其实，解答问题的关键在于能不能打破自己给自己设置的约束。

### 3.2.3 系统设计思维及模型

**1. 系统设计思维**

系统思维是人类思维的一种高级形态，是人在一定知识、经验和智力基础上，为解决某种问题，运用逻辑和非逻辑思维，突破旧有思维模式，通过选择重组，以新的思考方式，产生新设想并获得成功实施的思维系统。系统设计思维具有独创性（具有突破常规思维的独创性）、联动性（即"由此及彼"的思维能力）、多向性（善于从不同的角度思索问题，为问题的求解提供多条途径）、跨越性（逻辑的"中断"和思维的"飞跃"）、综合性（"挫败或成功——总结反思——再挫败或成功——再总结反思"的不断调整修改思路的过程）等显著特征。

设计者以系统的思维和观念看待事物，衡量设计中所有变量间如何相互配合从而影响整个设计过程，将有助于创建一个具有内聚力的设计生态。

设计是一个系统过程，既是多种解决问题方式的综合活动，也是多种思维模式的综合结果。从完整的设计过程来看，是否善于思考，能否从感性的认知跨越到理性的建构，能否以新的思维角度、程序和方法来处理各种情况、各种问题，从而主动性、创造性地发现新问题、解决新问题，这取决于设计者的系统设计思维水平（如图3-23）。

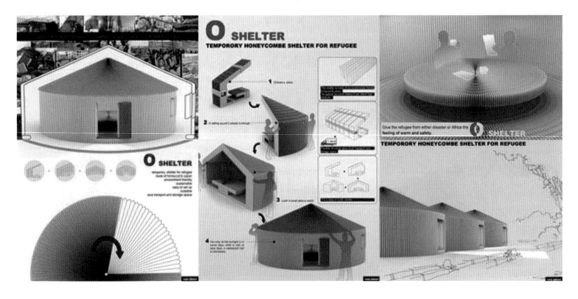

图3-23　"O—救灾帐篷"（浙江大学创新团队：应放天、姚力宁、施妍、叶米兰、朱鹏程）

**2. 系统设计模型**

所谓设计模型，就是一种可以多次使用的设计推演框架，可以提纲挈领地将设计中众多混乱的信息得以明确化、阶段化，促进设计流程更加科学，工作效率更加有效。设计模型的建立与应用是理性思维与感性思维的结合，是设计分析与综合的结合。

（1）"5W2H"设问法模型。

在概念设计中，采用"5W2H"设问法模型，即可根据7个疑问词从不同角度开创新思路，由一系列简短的语句文字或一系列关键词语来表示：

WHO——何人，明确受众对象因素；

WHERE——何地，明确空间的条件与限制；

WHEN——何时，明确时间的条件与限制；

WHY——为什么，明确理由和前提；

WHAT——是什么，明确事物的性质；

HOW TO——如何做，明确路径和方法；

HOW MUCH——达到什么程度，明确量化概念。

从这几个方面提出问题，考察研究对象，对设计对象进行反复的追问与思考，有利于设计者对设计有一个初步定位，有助于设计者的整体概念定位更加准确（如图 3 - 24）。

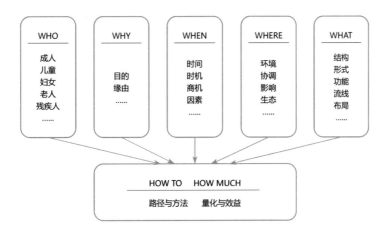

图 3 - 24  "5W2H"法

提出问题是解决问题的前提条件，提出问题的同时又是发现问题和解决问题的开始，通过设问，使不明确的问题明确化，从而更接近解决目标，提出问题需要在错综复杂的情形下排除干扰，抓住主要矛盾。

（2）SWOT 分析法模型。

所谓 SWOT 分析，就是将与研究对象密切相关的各种主要内部优势因素（Strengths）、弱势因素（Weaknesses）、机会因素（Opportunities）和威胁因素（Threats），通过调研分析罗列出来，并依照一定的次序按矩阵形式排列起来，然后运用系统分析的思想，把各种因素相互匹配起来加以分析，从中得出一系列相应的结论或对策（如图 3 - 25）。

SWOT 分析法，最早在 20 世纪 80 年代初由美国旧金山大学的管理学教授提出。SWOT 法可以用系统的思想将似乎独立的因素相互匹配起来进行综合分析，有利于人们对组织所处情景进行全面、系统、准确的研究，并制定发展战略和计划。对设计师而言，应用 SWOT 法可以综合判断事物的各个特性，可以全面地为设计决策提供参考。

（3）基于"人""事""物""场""时"五要素协同的设计模型。

设计不仅仅是"物"的设计，更是人与物、事、场的"关系"的设计，甚至在某种情形下，"关系"设计比"物"

图 3 - 25  SWOT 分析法

的设计更为重要。

设计是一种"戴着镣铐跳舞"式的活动，是一种系统的探索过程，要将设计对象置于合适的"人""事""物""场""时"要素中，考虑具体的问题情境，进而提出具体的设计策略与方法（如图3-26）。

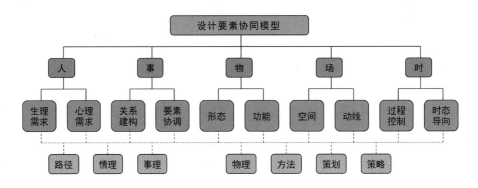

图3-26　五要素协同模型

"人"是设计的利益主体，宏观的"人"包括政府、企业、居民、游客；微观的"人"包括老年、青年、小孩、男人、女人等用户（使用者）。概念设计的对象首先应该是"人"，特别是对空间环境中"人"做充分的观察与研究，要关注人的真实需求，包括物质的、精神的、生理的、心理的，分析人的行为习惯、心理需求、思维方式等，同时还需关注人的性别、年龄、贫富等因素的差异。根据马斯洛需要层次论，人的需求分为生理需求、安全需求、社会需求、尊重需求与自我价值的实现五个层级，这五个层级在空间环境之中如何产生，如何满足，如何相互关照，设计者要通过真实的体察，增进对人的行为与目标环境的理解，通过设计来——解答。设计的目的是为人服务，设计者必须先了解人的真正需求，才能找到设计的起点，才能够设计出打动他人的作品。

"事"是设计的事理关系，包括生活方式、价值观念、典型仪式、族群关系、意识形态、人际交往、历史传统等。概念设计关注"事"，所反映出的是最为真实与基础的设计事因、事由，具有真实性、可行性与研究价值。我们所要看到的应该是，什么问题可以通过设计解决或者探讨，什么问题反映出的是社会对设计的需要。为了方便理解，我们可以把"事"分为外部事理和内部事理。外部事理主要指由于社会、经济、时间等外部要素改变而触发的需求变化。内部事理相对细碎而复杂，我们将通过识别事理触发对象来对其进行识别，在内部事理中我们将更加集中精力去关注，谁是触发者以及触发的原因。然而，在一个项目中我们收集的信息可能会非常多，因此，我们还必须建立信息的过滤机制和历史事件记录机制，一方面可以过滤无用的信息，另一方面也可以在将来的任何一个时间点，对历史上的某个触发事理进行回溯。

"物"包括建筑物、构筑物、环境要素等有形物和传统文化、地域文化等无形物，空间环境概念设计对"物"的关注，是存在渐进性的，理解的第一维度是"视觉捕捉"，即通过捕捉"物"的表面形式中所隐含的思想或感情对"物"产生认知理解；第二维度是"情景体验"，即通过"物"所在的场景、情景产生对其的功能理解，从而产生交互关系；第三维度是"精神情感"，即在交互产生以后对所发生的体验产生情绪，进而有可能会形成人与人、人与物之间的交流和情感共鸣。因此，概念设计中对于"物"的设计和理解从来都不是单一的、对形式的追求，而是将其作为整个场域系统中的一部分，我们需要从更高的角度上来看待每一个细节。

"场"包括场地、场合、场景等，具体涉及自然环境、风貌格局、空间形态等。"人"、"物"、"场"三者之间存在着驱动关系，"场"作为外部环境能够对"人"形成环境刺激，促使"人"产生需求欲望，而"人"则会主动地改变"物"满足自己的需求，当"物"被改造到了一定的程度就改变了"场"，而新的"场"又会产生新的环境刺激。这种周而复始的交互关系，正是概念设计关注的基础。在对场地进行分析时，首先我们要关注场地物理环境，包括地形、面积、环境要素、地理区位等；其实，是对使用场景的关注，也就是关注人对场地的需求；最后是对文化环境的关注，包括场地历史、人文、地方特色等。而概念设计要做的，就是将提取出来的有效新信息加以利用和改造，以构建新的"场"，满足人类的需求欲望。"物"与"场"同时具有自然属性和文化属性，自然属性表现为客观有形的物质存在，文化属性表现为主观无形的精神特质。

"时"包括时间、时段、时效等。广义上的时间指的是物质的永恒运动，是变化的、持续的、顺序的，广义上的时间可以成为我们设计的依据，用以分析事件、观察场地的变化。而在狭义上，我们也可以将时间理解为一种设计的元素而在设计中加以利用。例如我们可以以"黄昏"为主题进行一个休憩空间的设计，通过提炼"黄昏"这个特殊时刻给人的慵懒和放松感，强化设计本身的功能主题。

设计中关注人、事、物、场、时诸要素，在一定程度将解决的是"关系"，就是人与人、人与物、物与物、人与事、事与事之间的相互关系。辩证法告诉我们：世界上任何事物本身是复杂的，是处在不断变化中的，对它的价值判断也会随着立场、时间、观点、情境的不同产生变化。正所谓"此一时，彼一时"。

## 3.2.4　设计意识建立

设计意识包括实际操作、创新超越、整体系统、开放吸收和综合感知等方面，综合起来实际上是一种服务意识、奉献意识与协同意识。同时，当设计者走进人们的日常生活，就有可能发现有趣味、有创意、有价值的珍贵见解。因此，学生要学会用设计视角来看待生活中的各种问题和现象，建立自己的设计意识。

（1）建立共情。

设计共情指的是通过倾听、观察、记录和分析的方式，获得对设计对象感受和需求的同感。共情是设计不可或缺的一部分。在设计体察中我们不难发现，人们的真实需求和行为判断是十分隐秘的，体察对象可能无法准确表达自己的诉求，或是无法掌握自己行为产生的实际原因。因而，设计者需要通过调研了解调研对象的想法，与调研对象建立共情，从而研究他们的行为、需求、动机，或是学习他们的经验和见解。在此基础上，设计者还需要进一步的对所获得的信息进行分析，从设计者角度去分享各种场景产生的原因，以寻找设计的原始问题和创新机会。在这里我们可以尝试通过以下工具，以便更快速地建立共情。

1）过程地图。

过程地图是一种有计划的观察记录法，通过这个工具设计者可以更为全面地了解调研对象的体验过程。

步骤一：确定准备进行观察的过程场景，如人们从进入商场到选择目标店铺的过程。

步骤二：记录这个过程中的各个步骤，以寻找这个过程中的细微差别和日常生活经验中常常忽略的地方。

步骤三：将观察到的信息绘制成地图。地图可以设计分支，以更加全面地展现调研对象的主观行为。

步骤四：分析与创新。观察地图，设计者可以向自己提问：图上反应的是哪些行为模式？哪些细节我从未留言过？人们普遍展现出了什么样的行为秩序？除此以外，设计者还可以将地图拿给同样熟悉该过程的人共同讨论，检查遗漏或探讨是否存在别的行为可能性。

2）共情卡片。

共情卡片工具更加专注于体验和思考，与过程地图不同的是，设计者不再作为第三者进行记录，而是需要融入到体察对象之中，通过观察，将自己想象为体察对象本身，并通过这个特殊的视角对观察的信息进行记录。

步骤一：可以根据人口特征（如年龄、收入、社会关系等），选定至少三种对设计有意义的观察对象，并准备共情卡片。卡片上可以画上代表体察对象的头像，并写下相关信息；在头像的外围画上一个圈；将圈分成多份，分别用于记录观察对象的思考和感受、说和做、看、听。

步骤二：带着共情卡片，将自己置于该对象的情景中。

步骤三：可以一边观察体察对象，一边用自己的真实情感和感官体验填充卡片，也可以在观察后，模拟体察对象的行为并填充卡片。这个过程中，设计者需要尽力去想象：他能听到什么；他是怎么听到的；他会说什么；周边环境中的什么对他产生了影响等这些问题，以使自己真正地理解和感受对方。同样，事后设计者可以通过和他人讨论，继续完善自己的卡片。这个工具的重点在于培养自己理解他人的能力，以减少设计过程中的一厢情愿。

3）历史地图。

历史地图是一种调查工具，与前两者不同，这里的重点在于了解设计对象在过去是如何随着时间发展而变化的。历史地图的意义在于帮助设计者思考设计对象在未来的发展，以寻找设计的突破口。制作历史地图时，要注意分析社会、环境、技术、经济、文化、政治等设计背景环境对创新的影响，并进一步提取出每个相关时期中最为关键特征、设计关注点的改变以及与其他时期之间的区别。

设计者可以将收集到的信息按照设计发展的进程标注在时间轴线上，纵轴可贴方案图片，并描绘重要的设计细节，横轴则用于注明时间，以及相关的时代背景信息。

（2）关注热点。

任何一个设计如从不同的角度和概念切入，会对设计过程及结果产生决定性的影响，这就需要设计者敏锐的设计判断力和广博的知识结构来支持。因而，设计师要养成关注社会热点的习惯。

所谓社会热点，应当与一般社会新闻有所区分，也不应与社会问题的定义混淆在一起。与社会问题相比，社会热点具有社会影响大、包含矛盾尖锐、有代表性事件、涉及一定范围的特点，例如，人口老龄化、互联网＋、乡村振兴等都是近年来受到广泛关注的社会热点问题。

社会热点信息涵盖面广，它涉及人类社会生活的方方面面。但是对于社会热点的探究必须要有选择，不能一概而就，设计并不是社会的救世主，不能够解决所有的社会问题。以"互联网＋"举例来说，对"互联网＋经济""互联网＋产业""互联网＋文化"等这样的新型发展模式的探讨，是超越设计的专业界限的，设计师无法涉猎。但是，设计师可以研究的是"互联网＋"时代的到来对环境设计所提出的新要求，并加以研究，进行设计。

（3）跨界与融合。

所谓"跨界"，就是"跨越学科界线"的思维与意识。概念设计需要积极的跨越专业范畴，通过跨领域间的知识碰撞，寻找更具创新性的设计灵感。德国平面设计大师马蒂斯认为在新世纪"创新"一词已经有了全新的定义，它是将两种看似有联系的事物联系起来，这种结合不仅仅是形式上的，更需要是知识上的结合，这就是所谓的"跨界设计"的本意，同时也是设计意识的创新。"跨界设计"实质上反映的是设计的融创精神。"跨界"原本单指行业之间的一种合作关系，但如今其含义得到更加广泛的诠释，只要是突破固有界限，产业相互交融，进入新的领域的都可以认为是"跨界"。其因受到商业追捧而活跃在各个领域当中，但是最为具有代表性的仍然是设计行业，其尊重客户体验、大胆创新、挑战传统的性质正是概念设计创新所需要的（如图3-27、图3-28）。

美国罗德岛设计学院人才培养目标为"T"型人才，"T"中的竖线代表所学领域的专业知识，横线代表与其他学科领域的合作，即培养学生成为有时间思维、懂得合作、掌握多领域的知识和方法的综合型设计人才。

图 3-27　菲力普·斯塔克设计作品

想要在设计上取得"跨界与融合"，必须拥有两方面的条件：一是知识与技术能够相互交融；二是设计师本身拥有扎实的知识理论基础。但是无论如何，跨界设计都将成为未来设计的发展方向，设计师千万不能再用专业再封闭自己的眼界和脚步了，对于知识一定要广泛涉猎，始终保持着周围事物和现象的积极"思考"。

图 3-28　扎哈·哈迪德设计作品

# 3.3　设计方法

美国人工智能专家和认知心理学家赫伯特·西蒙（Herbert Simon，1916—2001）指出，设计科学是面对人造世界（或人工世界）的科学，与面对自然世界的自然科学不同，设计学科具有相对程度的偶然性，与"事情可能会如何有关"；而自然学科具有相对的必然性，与"事情是如何"有关。于是他将创造、判断、决定、选择这些设计思维过程作为研究对象，提出了设计方法的基本特征，即：构思与交流、判断与建构、制定决策与战略规划、评估与系统整合，后来又加上沟通与表达。

从辩证的角度来说，世界上的事物具有多面性，面对不同的问题应该采取不同的方法，具体问题要具体对待。

## 3.3.1　头脑风暴与视觉风暴

头脑风暴是一种有效促进、激发创造性思维的活动和思考方法，是一个群体口头激发灵感的过程。一群人围绕一个特定的问题，生成许多与最初概念息息相关的观点，并引爆随之而来的创新灵感。较之单个个体，群体在思维激荡和相互启发方面更具创新优势，能得到"1＋1＞2"的效果（如图3-29）。

图 3-29　头脑风暴过程

通常，设计概念的诞生需要经过头脑风暴的过程。概念设计课程中可以进行拓展思维的训练，选择一个具有启发性的主题，围绕主题不断延伸和扩展，以此启发设计概念的诞生。如：①功能延伸设计，选取某一日常用品，如白色纸杯，发现其第一功能就是盛装饮料，那第二功能呢？②也可以采用"接龙游戏""关键词联想法"等进行设计概念的推演，比如"太阳—红色—炎热—沙滩—排球—运动—场地—……"

在头脑风暴过程中，也需要使用各种简略的草图、图表等视觉化的方式来阐释相关想法与概念之间的关系，这种方法就称为视觉风暴。在视觉风暴中，那些从潜意识中捕获灵感的草图常常是推进概念深入的强大动力。实际上，头脑风暴与视觉风暴两者是分不开的，缺其一都会影响概念生成的效果。将口头与视觉两种方法结合使用，则能达到事半功倍的效果。

概念设计课程中开展头脑风暴与视觉风暴时，总体需遵循自由发散、轮流发言、图文并茂、以量求质、暂缓评论、仔细聆听、异想天开、主题聚焦、借题发挥、延时评判、二次创新等原则。具体要求：

（1）现场气氛融洽轻松，参与者畅所欲言，可在他人的观点上建立新观点，所有观点均需记录下来，但不进行批评。

（2）收集大量的实物、图片等能够刺激感官的载体，置于经过布置的工作环境中。

（3）参与者应该以最简单的词汇或图像作为交流概念的手段，坦诚地交流各自的观点，并接受他人的意见。有时听似荒谬的想法，在头脑风暴中却可能无意间触动他人的灵感。

（4）不要急于对任何人的设想下判断或批评，接受每一个设想，无需分类或逻辑排列。

（5）多元化背景的团队会带来更为广泛的经验和建议，从而有利于相互启迪。

（6）让参与的每个成员任意思维，尽量多提供设想，重"量"不重"质"。

（7）基于他人的设想，再作变化、组合和演进，积极发展建立自己的设想。这样确保每位参与者都对先前提出的想法有所贡献，使头脑风暴得以顺利推进。

### 3.3.2 案例分析与文献研究

**1. 案例分析内容与方法**

案例分析可以从具体设计案例的空间布局、功能、形态、风格、使用人群的反应、社会反响等方面切入，并对其系统的分析，可以得到对案例本身一个系统性的理解。从研究层面上来说，设计不仅仅是设计本身，它可能是一种新知识体系或思维模式的建立，在进行设计案例分析时，除了要理解其表面的设计模式之外，更要理解其设计中所隐含的知识、逻辑及设计策略。

按照一定的内容与顺序来研究设计案例，是案例分析的有效策略，本书引用美国伊利诺伊理工大学艾伦·戴明（M. Elen Deming）在《景观设计学》一书中提出的设计研究的真实性、适用性、一致性、透明度、意义、效率、组织、原创性等8个要点。本书将其总结为4个步骤：

（1）思考：设计所表达的设计意图是否真实可信；设计中所提出的关键性问题与最后的结果是否一致；设计所创造的结果是否能为别的设计师所学所用。设计的目标多种多样，某一个设计案例中的设计策略未必适合所有的场地或设计项目。

（2）质疑：通过设计案例研究得到的知识是否可靠；同一个案例通过不同的人研究是不是会得到相同的结果；从设计案例中获得的新知识是否存在偏见。研究的问题应该保持正式，可以公开，避开对某一问题的偏见。

（3）组织：研究的结果是否与广泛的学科内容有关？对于设计案例的研究应该放在适当的环境与社会背景下，做出具体的理解与分析。研究的设计案例是否能够直击设计项目本身？研究的目的与过程需要有规划，才能保证设计案例研究的效率。回答以上两个问题以后，应形成研究结果，有程序的设计研究不意味研究过程的死板，在获得有效的研究成果后，应进行案例研究结果的系统评价。

（4）创新：设计除了功能、形式具有原创性以外，还要看到设计中反映的问题，选择切入点更为创新的案例进行研究，获得的结果也将更加有意义。

经过对设计案例的研究分析之后需要得出自己的结论，案例中刺激与引发思考的想法，可借鉴与学习的模式，都可以做详细的记录。设计案例的研究分析，是一个刺激学生大脑灵感的过程，也是一个学习再造的过程，应当鼓励学生在案例研究分析基础上大胆提出自己的观点与设计策略。当然，对于照搬照抄的现象应该及时指出，避免学生设计思维的封闭。通常，在案例研究分析中需要换位思考，要切实体会别人的感受、理解别人的经历，这也是实现设计目标的重要途径与策略。设计师必须要将换位思考演练为一种心理习惯。

**2. 文献研究及方法**

环境设计专业注重"图说文论"，在实际课程教学中，学生更侧重于"图说"，往往忽视"文论"，表现出设计图面形象表达较好，而逻辑思辨和文字表达能力较弱，制约了学生逻辑能力提升和后期职业发展。

概念设计课程注重引导学生重视文献阅读的习惯。文献阅读是概念设计课程必不可少的组成部分，通过文献阅读、文本撰写，将有助于学生的逻辑思考能力和表达能力的培养与提升。课程教学中，可以"关键词"进行思维拓展训练，在规定时间内的文本撰写与发表、讨论、点评。

阅读的文本有时貌似与概念设计面对的问题没有直接的关系，然而设计学的问题从来都不仅仅是设计的问题。设计的交叉性、综合性特征日益凸显，其解决的问题与社会、经济、文化、环境、技术等都紧密相关。因此，概念设计必须转变固有观念，打破就事论事的状态，需要扩展设计的外延，一切与设计直接有关或间接相关的事物，都是概念设计关注的对象，这也是引入文本阅读的意义所在。

概念设计课程中，对文献研究可以从以下几个方面展开：

（1）文献资料的收集——尽量多地从网络、书籍杂志、实际生活记录等多途径进行收集。

（2）文献资料的选择——快速评价资料，舍弃不要的资料，对有明显想法的资料进一步深入收集。

（3）文献资料的分类——根据一定的规律，对资料的种类、性质、系统等分类。这一步是必须的，有助于设计概念的清晰条理化。

（4）文献资料的分析——细微地研究资料的因果、相关关系、特点、倾向。进行评价，找出最有可能突破和最需要解决的地方。

（5）文献资料的综合——根据设计任务的目的，对已分析的资料进行组合或加工，形成相对完整的概念和背景要点。

（6）文献资料的蓄积——活用调研的要点和结果，在后续的设计中不断联系或检视，会给设计带来新的启发。

### 3.3.3 设计图解与策略表达

微课视频

设计图解

1. 图表演绎

（1）图表设计。

概念设计需要通过描述的策略来进行设计分析与研究，这种"描述"方式可以通过图表的形式，即将收集、记录和表达的信息进行可视化设计。图表就是可视化表达的重要工具。熟练运用和组织图形、文字及表格等视觉元素使信息明确化，则能够更加生动表达事物的现象或思维观念。

在空间环境概念设计的过程中常常需要图表来演绎设计思路与结果，以便于更加高效地实现信息传递。设计中的图表根据设计时段，可以分为前期分析、过程分析和结果分析，每个时段的图表都具有自己的特殊价值。前期分析中的图表主要是在前期工作的基础上，对所获得的设计资料及得到的结论进行集中展现，需要精要地揭示与设计突破点之间的关系，设计图表时可通过适当的文字、故事图板加以展现；过程分析是对设计理念、设计策略等思考过程的呈现，具有重要的承前启后的作用，设计时需要将关注点更多的集中在信息的可读性和易理解性上，可尽量摒除无用的修饰性设计；结果分析的主要作用是对具体的设计思路表达，是对最终设计成像的一种辅助说明，设计图标时可通过抽象的图块设计对具体设计内容进行分解，以加强对设计亮点的表达。

一般对于图表的视觉设计，需要掌握几点：图表应用与表达特性、图表设计的构成元素与传达原理、图表的类型与表示方法、图表设计的艺术性（如图 3-30、图 3-31）。

**怎样做出好的图表设计？**

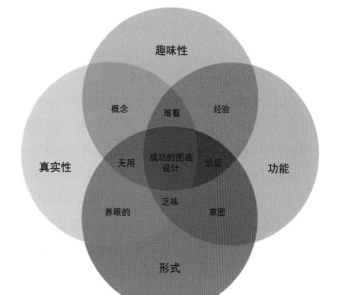

图 3-30 图表设计

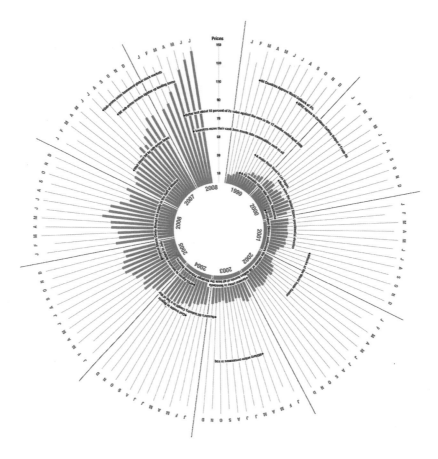

图 3-31 1999—2008 全球油价变化

根据所要阐述内容的不同，图表设计也应当有所侧重与区分。以理念传达为主要侧重点的图表设计，需要在设计之初就具有清晰的逻辑主线，图表之间相互连贯，以充分表达想要表达的理论与思想；以设计表达为主要侧重点的图表，应具有一定的引导作用，简明地表达出设计中的核心问题，以达到比文字解析更为清晰与到位的效果。但无论是何种图表，被可视化处理后信息的传递功能一定是优先于美观功能的（如图 3-32）。

（2）设计日志——时间管理。

设计过程的控制与管理有一个重要的当量——时间，时间管理应该是设计类学生必须掌握的"非专业"能力。理性地管理时间是设计推进的有力保证，也是成功实施一个设计项目的重要指标，更是一个设计师基本的职业素质。良好的时间管理可以借助设计日志的建立，这对学生来讲尤为重要。学生通过制定合理的时间进度表，并且按照时间进度执行下去，要细化每个阶段的主要任务及不同任务间的衔接关系，确定优先事件，区分"必要的""重要的""紧迫的"等任务，做到设计过程控制"有的放矢""有据可依"（如图 3-33）。

概念设计课程从起始阶段，便涉及各类信息的收集、分析、处理，应重视对设计过程的记录和整理，提高学生的建档意识，使其自然形成更为有效的学习方法。在创建设计日志的过程中，实际是在整理工作条理，梳理工作框架，从中可以体现一个团队的合作情况，以及个体能力和问题所在。设计日志作为一种理性思维对平时工作的梳理、反思和总结，与设计本身一样具有实际意义。

KPTP 工作法则是一般设计日志中常用的记录方式，通过这套方法可以较为清晰顺畅地完成一般设计日志，再根据实际情况做适当调整，形成行之有效的记录方式。

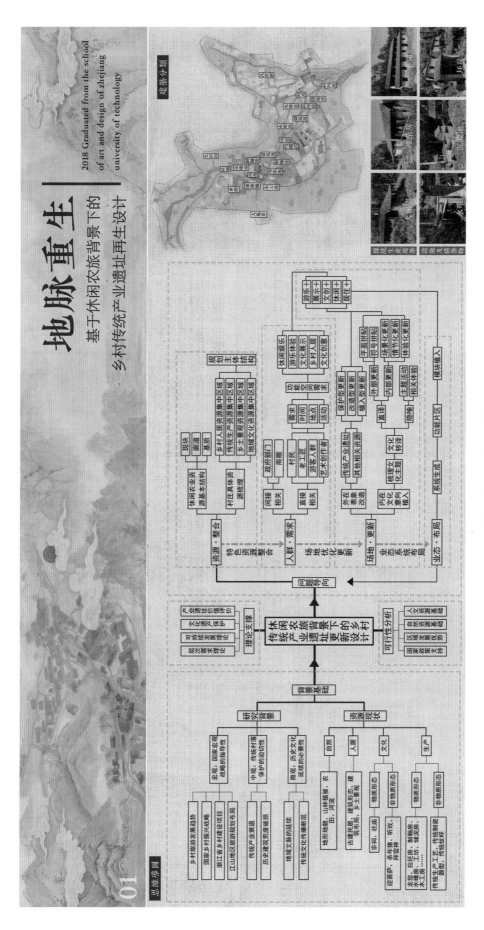

图 3-32（一）　思维导图 1

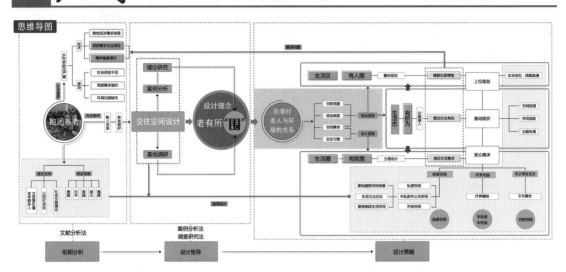

## 概念生成

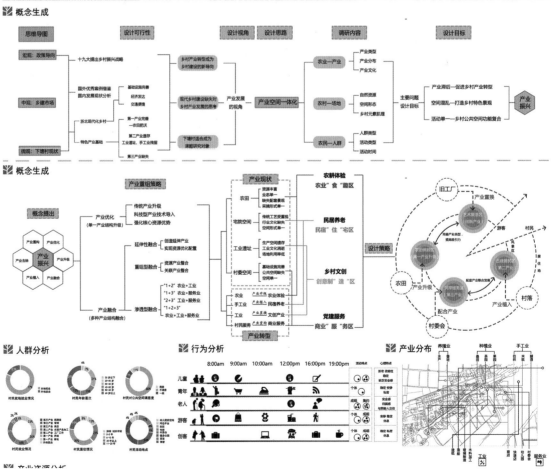

图 3-32（二） 思维导图 2

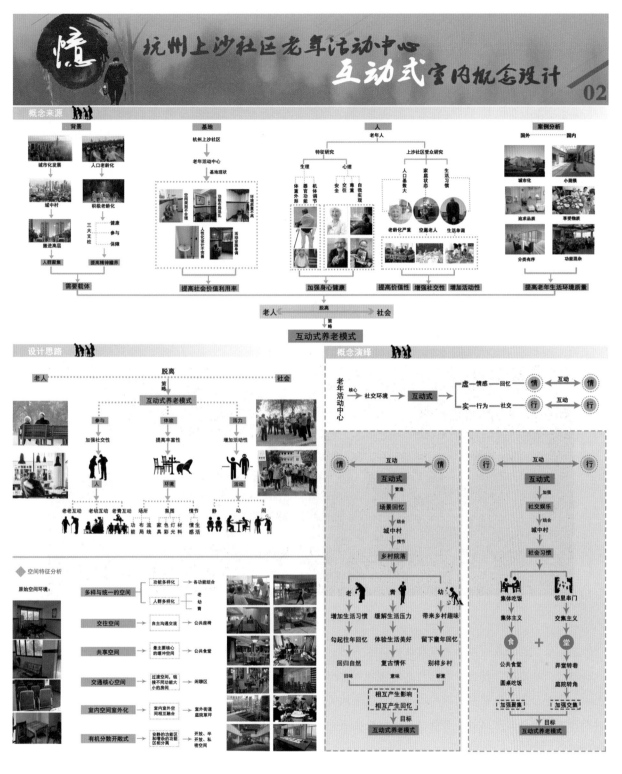

图 3-32（三）　思维导图 3

K：keep，今天做了哪些工作；

P：problem，遇到了哪些问题；

T：try，计划尝试如何解决这些问题；

P：plan，明天的计划是什么。

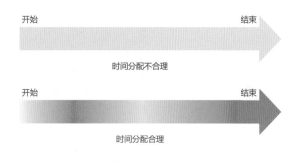

图 3-33 时间分配图

2. 设计表达

所谓"表达",就是通过某种恰当的方式将设计的思维过程或最终成果传达出来,使设计者的思维内容被他人认识、理解。设计表达是设计者与他人沟通设计必须要经历的一个环节,通常有口头表达与图面表达,表达的成功与否决定着设计是否可以得到充分的诠释与沟通。从某种程度上讲,设计表达与设计本身同样重要。设计师对设计思维与过程的清晰表达,是推进整个设计向前发展的基础,也是整理设计思路的有效途径。

设计专业强调"图说文论口述",因此设计表达既包括视觉表达,又有文字书面表达、口头言语表达等。在概念设计课程中,通过设计表达可以快速直接地传达设计意图、过程与结果,就需要掌握一定的表达策略,以达到与人沟通的目的。通常对于设计表达的策略有以下几个要点:口头表达要语言简明、逻辑缜密、举止得体;口头表达内容的具体形式,与其前后顺序应相互连贯,要有足够的信息量且准确有序;视觉表达需要图表、图像、数据、模型等,设计意图传达清晰,图版美观,重点突出(如图 3-34、图 3-35)。

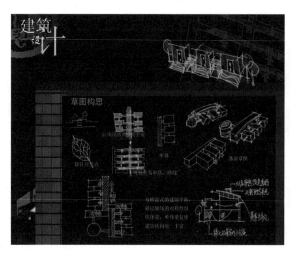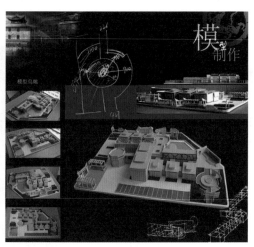

图 3-34 博物馆设计

除此以外,设计表达中需注意具体的沟通方式:首先,在一开始就应当引起对方的注意,比如抛出一个问题,提出一个观点等,都可以引起对方的兴趣,这可以保障之后的沟通能够更加顺利和平稳;其次,在表达的过程中,应逐步深入回答开始时的提问,或逐步放大、细化自己观点与设计理念紧紧相扣,以逐步引起沟通对象对设计本身的认知与兴趣;最后,重视结论的表述,可以行之有效地强化之前讲述的内容,给沟通对象留下深刻的印象。

3. 概念设计辅助工具

设计表达离不开工具的支持。通常,在概念设计课程中,学生可以借助器具、草图本和记事本、灵感板、报刊杂志等道具进行有效的设计构思与表达。

(1)器具。

"工欲善,必先利其器。"器具可以定义为一个特殊的仪式,或者是一种保证设计顺利开展的基础装备。诚如完整的泡茶过程是一种仪式,茶艺师按照泡茶程序摆放茶具,淋漓尽致地展现茶道的每个细节,精心泡制了

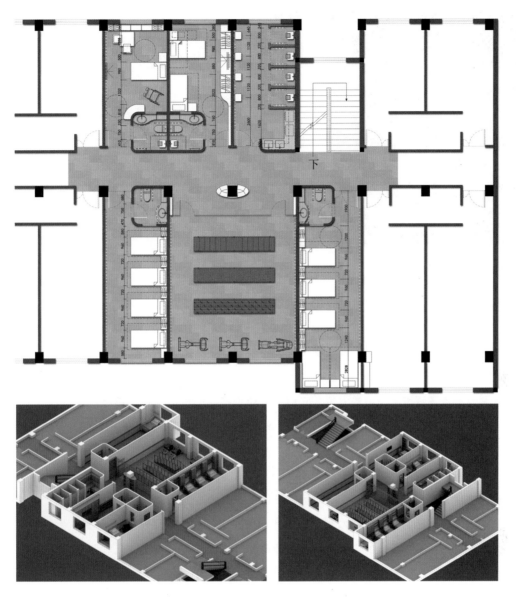

图 3 - 35　养老院设计

一壶茶，此时茶不仅品在口中，而且还可以注入文化的感受和精神的愉悦（如图 3 - 36）。这些不仅能使观者信赖其专业能力，更是可以把握工作需要，迅速准确地拿到工具。这是专业设计师需要关注和了解的。

（2）草图本和记事本。

草图本和记事本是概念设计过程中必不可少的工具（如图 3 - 37）。草图本用于快速形象地捕捉设计者观察到的事物，以及一闪而过的灵感；记事本用于准确地记录设计者观察到的事物的细节和思考过程。各种简单的标记和关键词经常被作为记录的重要元素，是按照设计者自己的逻辑思维而形成的，设计者看到上面任何一个图样都能链接到自己曾经的经历，因此是最具价值的设计参考资源。

文字与数字可以表达想法，但有时即使是最精美的语言也无法直观描述或解决问题，只有图形才能同时表达出想法的功能特征和情绪内涵。通常用图形表达某个想法时，能得到与用文字表述时不同的结果，而且通常会更快地得到结果。

（3）灵感板。

在设计工作之初，经过前期一系列对人、社会、环境、文化等方面的体察调研、资料收集，设计者通常会

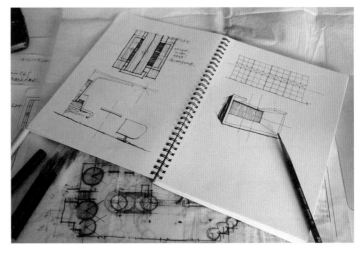

图 3-36 茶具　　　　　　　　　　　　　　　　　　图 3-37 草图本

搜集一些必要的参考资料、照片或者实物，把它们按照感觉分类并归放到一起，制作成灵感板。灵感板不仅可以为设计营造一种可视化的氛围和环境，而且可以启发设计师对相关问题的思考，进一步活跃思维，激发灵感。灵感板需要持续不断的信息更替，其过程没有任何限定，只要能够引发思考的东西都可以包括其内。设计师还可以通过灵感板互相交流和讨论，引发共鸣，驱动设计进程。

通常，图片具有激发观察者思考的力量，它们会触动观察者心底的记忆，链接观察者过往的经历。因此，图片是构成灵感板的主角。图片可能是一些相对独立的图片，也可能是一系列相关的图片集（如图 3-38）。

（4）报刊与杂志。

报刊与杂志是信息最为丰富且及时的参考资源之一，阅读报刊杂志可以快速了解时下社会热点和设计话题，能够为设计提供方向和灵感的资源，同时可以扩展设计师的知识范围。对于设计师而言，阅读杂志可以超越专业设计的范畴发现创新的法则。例如商业杂志和科学杂志往往包含了丰富而重要的引领性和启发性的信息，应该重视并努力挖掘其中蕴含的创新本质。设计师要阅读、分析、归纳并吸收各种各样"有用"的信息，而不仅仅局限于设计领域。对学生而言，学习设计要经过从"抄"设计到"超"设计的过程，阅读大量相关信息资料是必要环节（如图 3-39）。

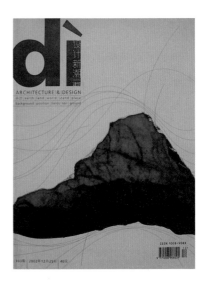

图 3-38 灵感板　　　　　　　　　　　　　　　　　图 3-39 杂志

# 知识单元 4
## 设计创新与拓展

● **学习目的及要求**

通过本知识单元的讲解与学习，明确本课程是环境设计专业学生提升综合性、研究性、创新性能力和素质的一个重要途径和有效方向。培养学生综合素质与能力，能将以往所学的专业知识以及专业之外的知识加以融会贯通，理论联系实际，进行针对性、创造性、前瞻性地设计实践，提高学生的沟通能力、社交能力、合作能力、计划能力、审美能力、理解能力和开发创新设计意识等，为毕业设计以及未来从事设计实务打下坚实的基础。

通过对概念设计的检验与评估，使学生更好地理解设计逻辑关系以及判断自身把握方向的能力。通过设计成果的最终呈现与发布，系统梳理从体验、研判、推演到建构的设计全过程，进一步引导与培养学生环境设计整体观。

● **实践内容**

按照课题设计要求，围绕设计创新的课程主轴，开展多主题探索的课题设计，建立概念设计的形式思考、逻辑思考、空间建构思考和设计语言表达。

> 想象力远比知识更重要。知识是有限的，而想象力则概括了世界上的一切。——阿尔伯特·爱因斯坦

# 4.1　设计构思

### 4.1.1　创新力的来源与误区

人们对创新概念的理解最早主要是从技术与经济相结合的角度，探讨技术创新在经济发展过程中的作用。美国创新理论大师约瑟夫·熊彼特（Joseph Alois Schumpeter，1883—1950）首次从经济学领域提出创新理论，"创新"概念包括五种情况：①创造一种新的产品；②采用一种新的生产方法；③开辟一个新的市场；④取得或控制原材料或半制成品的一种新的供给来源；⑤实现任何一种新的产业组织方式或企业重组。经济学家所谈的创新，已不同于一般意义上的创造，创新是新设想（或新概念）发展到实际和成功应用的阶段。这对设计创新具有一定的借鉴和启示意义。

1. 创新力的来源

(1) 天真。

不可否认的是，孩子的想法总是比成年人的更加新奇有趣一些，他们不停地追问为什么，消灭了先入为主的概念，从而发现许多充满突破性的创新答案，这就是天真的创造力。当我们对一个专业或领域一无所知时，我们思考问题的方式反而会显得更加直接。对于环境设计专业而言，体察调研、案例研究无疑是展开设计的重要环节，但往往也成为束缚我们创新力的"羁绊"。不妨尝试浅尝辄止的研究方式，在对设计对象做一些大概的了解后便停下来进行独自思考，当思考有了大致的结果以后，再继续手上的调研工作，或许会有意外的发现。当然，我们也不可能一直对什么都一无所知，所以"天真"的创造力十分难得，切勿将其当作"无知"摒弃。

(2) 经验。

经验对于设计师来讲是非常重要的资源，设计离不开经验。设计师在设计过程中利用经验，也在不断积累新的经验。虽然对经验的依赖会形成难以突破的思维惯性，但同时也能减少"犯错"的风险，这就是创新迭代。事实上，为了减少试错成本，大多数工作的创新都是通过这种迭代最终形成创新跨越的。将经验转化为创造力通常有三种方式：一是点缀式，也就是将以往效果较好的设计方案进行修改、点缀，使其看起来焕然一新；二是模仿式，参考较为合适、效果良好的对象，进行模仿创新；三是整合式，将几个方案进行拆分组合，或是替换掉原方案中的部分内容将其重新包装。作为学生在尚不具备强大的市场感知力和设计执行力之前，可以使用这种方式提升我们的创新力。

(3) 思考。

当我们面对生活中的现象能够积极地投入思考时，便打开了一扇新的创意之门。当今社会，虽然物质已非常丰裕，但生活中仍有很多不便利的地方，这就是设计的盲区，是设计者与使用者之间的代沟。因此这种出于好奇心或是求知欲产生的思考，便能带来很多意想不到的创意。我们不必强求自己一定要形成思考结果，但必须是全神贯注的，努力认真地思考，为了得到希望的结果，阅读、检索各类的资料。即便没有任何结果，但所付出的精力会让我们在今后的设计路途中收获回报的。

(4) 积累。

创新力的获得不是一朝一夕，或一个简单的方法就能够获得的。比旁人拥有更多方案积累的人，即便他们一开始看起来没有什么想法，但却能很快的对现场或是问题作出判断。这种人在对事情的判断上更加实际，即便原创性不足，但比单纯天马行空的幻想来得更加值得肯定。

(5) 灵感。

灵感是人们思维过程中认识飞跃的心理现象。现代科学研究表明，灵感是大脑的一种特殊技能，是思维发展到高级阶段的产物，是人脑的一种高级的感知能力。灵感的产生具有随机性、偶然性；任何能正常思维的人都可能随时产生各种各样的灵感；灵感又是稍纵即逝的短暂思维过程，如果不能及时抓住随机产生的灵感，它可能永不再来。很多学者认为人的思维除了逻辑思维和形象思维外，还有第三种偶然间迸发出灵感的思维，被称为灵感思维。灵感不是逻辑思维，也不是形象思维，这两种思维持续的时间都很长，而灵感时间极短，可能只有几秒钟而已。但即便如此，灵感仍然是一种人们可以控制的大脑活动，这一种思维也是有规律的。

(6) 机会、意外、错误和疯狂。

设计的创新是有一般规律和方法的，但就像哥伦布发现了新大陆以及免疫疫苗的发现一样，这些成功似乎都来源于一个错误。不可否认意外、错误缺失能够激发我们的洞察力，问题是我们到底有没有必要故意去犯错呢？我们可以利用错误、疯狂等不寻常的方法帮助我们激发灵感，但是一定要学会控制，懂得停止。此外，当我们注意到事情的发展和我们想象中的不同时应该立刻有所警觉，如设计的座椅被弃之荒废、交通标识指引的使用者晕头转向等现象，这些也属于意外，是真正值得我们思考的问题。

2. 创新力的误区

（1）创新力来源于天赋。

创新力是可以通过系统学习和训练获得的。在每个不同的领域中总是有人会表现出一些过人的天赋，但这并不是普通人就此不再需要努力开发创新力的借口。创新力和体育、音乐、美术一样，即便是再拥有天赋的运动员，如果长期不锻炼，也不可能长久地保持自己卓越的天赋。因此，无论是否拥有天赋，都需要重视训练自己的创新力，以逐渐地将某种模糊的灵感转变为系统的创新能力。虽然普通人可能无法通过学习成为世界顶尖级的设计师，但通过理论学习和系统的技巧培训，仍然可以在一定程度上取得个人能力的突破。这种能力的提升不但能帮助人们在工作中变得更加出众，新的思维方式也能给人们的生活带来新的改变。

（2）创新力来源于叛逆。

微课视频

创新力的
误区

叛逆只是获取灵感的一种途径，并不能长久的保证成功。由于我们经常会听到一些设计大师、艺术家在年轻时叛逆的故事，便容易片面地以为创新能力总是伴随着叛逆的。首先，我们必须要承认，叛逆者往往更勇于挑战规则，喜欢做一些与众不同的挑战，他们的胆量和精力，如果再加之天赋给予的独特眼光，确实会比"规矩"的设计师更加容易吸引到周遭的目光，于是慢慢地，创新力来源于叛逆的偏见就逐渐形成了。但那些故事毕竟是片面的，早期的叛逆或许在短时间内能帮助一些人获得成功，但是想要一直取得成功，或是再继续获得突破，则仍然离不开对于现有的学科理论、社会背景的学习和适应。因此，创新力当然不只属于叛逆者，普通人在通过系统的学习之后，同样可以短暂地摆脱惯性思维的束缚，打开自己的创新之门。

（3）创新力来源于解放大脑。

创新力需要的不是解放，而是被内化为思考逻辑。在我们成长的过程中，由于长期的受困于应试教育，解放心性就和设计创新产生了联系。但从本质上来说，大脑的思维运作是为了帮助人们将对外在世界的感知整理成某种固有的模式，以便于顺利生活和工作。那么在这种固有模式的影响下，我们可调用的创新力水平是必定会低于本身拥有的创新力水平。如果只是简单地释放大脑，不仅只能帮助我们调用原有的创新力，还意味着我们必须能随时随地释放大脑，这几乎是不可能的。所以，如果想要获得较高的创造力水平，我们需要的并不是单一地解放大脑，而是将创新的能力内化成某种逻辑，以便于我们能随时调用我们的创新能力或在短期能形成突破性的思考。

（4）创新力来源于智商高。

高智商的人也有可能更加固执和死板。许多的脑科学家和心理学家都做过关于智商和创造力的实验，其中较有代表性的是心理学家盖泽尔和杰克逊在 20 世纪 60 年代初所做的芝加哥大学创造力测验，通过实验他们发现，在智商到达 120 以前，智商和创造力的形成趋势是同步的，在超过 120 以后便会分道扬镳。这意味着智商和创新力之间并不能用等号连接，在初始阶段，智商或许可以帮助高智商的人们更快地掌握创新力的规律，但是高智商也有可能成为某种枷锁，使得这些人的思维合理范围圈比一般人要更加的牢固而难以打破。因此，我们对自己要有充分的信心，只要认真钻研同样可以获得惊人的创新力。

（5）创新力不包括小创新。

小创新其实是设计迭代，是创新探索的重要途径，可以有效减少市场试错成本。小创新通常是以在现有方案基础上，通过改造、提升的手段形成的设计成果。很多人认为这不是一种创新，但是，在日常生活中我们不难发现身边的很多东西都是通过不断迭代而不断进步的。就以苹果手机为例，苹果4代手机和苹果8代手机直接的区别要明显大于苹果4代和苹果5代之间的差距，这就是产品的迭代，迭代会让各种设计以较小的差距不断向前进化，直至形成飞跃。而从苹果8到苹果X，手机从有边框的屏幕进入到了全面屏时代，苹果手机实现了自身的一大突破，此后的苹果X到如今的苹果14代之间又再次呈现出了缓慢迭代的表现。由此不难看出，创意虽小但如果通过不断的累积，仍然能够给创新变革提供基础。大的创新跨越通常都是意味着一种全新理念或是范式的出现，这种跨越也不全是依赖于小创新的累计，但是如果我们可以在每一次的方案设计中找到一点突破，那也是一种可喜的进步。

（6）创新力来源于不停提案。

学会评价创新同样重要。学生在进行设计提案时，常常容易错误认为，只要自己的想法够多，能够不断地改变角度就总有一个是可行的方案。然而学会自我评估对于一个设计者来说是非常重要的，它要求我们在设计的各个阶段随时地检验自己的想法，做到不停回溯自己的方案是否始终没有偏离最初的设计问题，是否有充分的依据，是否可行。所以，创新力需要的并不是大家像机关枪一样盲目的扫射，而是需要用更多的耐心，提出尽量准确的设计创意，并学会再更进一步的对这些提案进行评估和筛选。

## 4.1.2 概念设计构思的载体

### 1. 生活方式

生活方式的概念原来自社会学范畴，是指"一个人是如何生活的"，其内容主要包括人们的家庭形态、消费行为、闲暇方式和社交方式等方面。由于人的生活方式总是通过具体的日常生活活动得以展现，因此从狭义上看，生活方式的研究主要聚焦衣、食、住、行、乐、用等"日常"生活层面进行（如图4-1）。

图 4-1 衣食住行

对人的生活方式的研究，家庭是个重要的、基本的功能单位，也是人们日常生活行为发生的最主要、最稳定的活动场所，承载着众多有效信息。因此，家庭生活是考察人们生活方式的一个重要方面。这其中涉及年龄、性别、职业、教育程度、收入与支出、家庭状况、居住地、生活水平等基本信息，也会涉及家庭结构关系，包括核心家庭、三代同堂、独居家庭等（如图4-2）。

另外，消费行为是一个与生活方式相关的定量。对消费行为的调研，不仅要看今天的消费习惯、消费方式，更要看到明天的消费观念、消费趋势。随着经济水平的提升、社会文化价值多元化时代的到来，目前主要的消费热点有：住房消费、旅游消费、信息消费、文化教育消费、交通工具消费、居民消费热点展望等（如图4-3）。

### 2. 文化需求

文化的释义有多种多样，但无论哪种解释，文化都与社会构成和人类行为分不开。在设计的演化过程中，

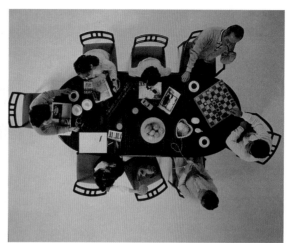

图 4-2　家庭结构

图 4-3　消费方式

不论是传统设计还是现代设计，无不烙印着社会文化的时代痕迹，无不随着社会历史文化的变革而不断调整自身在文化形态中的位置，以适应社会发展的需要。就设计对当今社会影响的广度和深度而言，现代设计更具有相对独立的文化形态，成为现代社会文化的重要组成部分，对人们的思想观念、生活方式、行为方式都有着深刻的影响。

　　设计者有意识地挖掘不同地域间文化习俗的差异，可以从中发现新的设计概念。在不同的文化背景下对同一问题的理解和认识存在一定的差异，这成为推进设计创新的主要动力，也是概念设计需要关注的重要方面。比如中国人和西方人对于"鲜活食物"的理解就不同，中国人认为鲜活食物意味着在水里穿梭跳跃的鱼、带着露珠的蔬菜、活蹦乱跳的鸡；而西方人认为的是指在一定保质日期内且保持薄膜包装的干净加工过的蔬菜或禽制品。所以，由此出发的购物环境、就餐模式或产品设计是有方向性差异的（如图 4-4～图 4-6）。因此，对于文化差异的理解便成为推进设计创新的动力，设计师要有意识地挖掘不同文化习俗之间的差异，以开放的态度去看待不同文化下的生活方式，着重关注文化的独创性、创造力和想象力表现，从中发现新的设计概念。

　　为获取文化对生活方式的影响结果，可以从横向和纵向两个层面对文化需求进行研究：即通过对全球各地域及人们的横向观察，对前瞻性的、流行的各类符号进行适当分析，可以更好地理解和掌握时下和未来的设计趋势；通过对本土传统文化的纵向考察，体会地方民风民俗的优秀符号并加以整理提炼，为设计创新提供特色参考，以更好地对设计进行文化的诠释。

　　3. 社会价值

　　社会价值是指因社会环境、文化、经济等多种因素的影响，而形成具有一定广度的社会普遍认知，反映了

图4-4　中西文化差异下的食物认知

图4-5　购物器具

图4-6　中西就餐模式差异

人们对社会发展的新认知和对生活方式的再审视，以及对价值观的新追求。社会价值的变化虽然是潜移默化的，但也是影响概念设计的一个重要因素。

　　设计的社会价值最直接体现为构建人与环境的和谐关系，在于为人类创造舒适的生活环境，而概念设计正是对人类未来美好生活的一种探索。概念设计是设计师通过创新思维与逻辑思维，来表现对社会问题的关注与态度，进而表达自己对未来世界的思考与预测，它要求设计师不但要为人类现有的生活设计，更需要为人类的未来的生活设计，给予人们全新生活方式的引导。例如手机特别是智能手机的出现，给予人类的生活以翻天覆地的变化，手机支付代替了钱包，手机借车代替了公交卡，手机翻译代替了字典，手机视频代替了电视等，人类的出行、学习、生活几乎只需要一部手机就可以解决所有问题。概念设计所要探索的正是这种变化，这种变化所体现的也正是设计的巨大力量（如图4-7）。

　　4. 设计属性

　　设计具有本质属性与特质属性两种属性。所谓本质属性一般认为是设计的内容或表现形式，现代设计将艺术价值与科技运用也归属到设计的本质属性当中；所谓特质属性，也可称之为社会属性，是设计受外在环境影

图 4 - 7　日本建筑师坂茂设计的纸建筑

响而体现出的特殊属性，例如民族性就是设计的一种特殊属性。设计的民族性属性，所反映的是人类现代社会环境中的某一个方面，即设计全球化与本土化协同发展的客观现状。美国经济学家托马斯·费里德曼认为，互联网时代的世界是平的，世界各地人们可以同时享用类似的食物，使用类似的产品。这是世界全球化的特点，也是产品同质化的结果。在这种大背景下，民族经济如何持续发展、民族文化如何留存，所依靠的应当是设计的本土化，也就是对设计民族性的强调与关怀。文化是一个民族生活方式的体现，在全球化深度发展的今天，本土文化才如此受到世人的关注。本土化不可能拖延全球化的进程，全球化也无法抹平本土化的鲜明。因此，未来设计必将是全球化与本土化共同作用的结果，需要概念设计来对其进行探索。

　　设计属性由本质到特质，实际上是设计的内涵转化与外延拓展，是追求其价值提升的过程。由此可见，设计属性既是一个文化问题，也是一个社会问题。设计属性体现多个维度，例如，设计作用于个人，便扮演具体的个人身份，例如设计师作为一个社会职业，为社会大众而从事设计工作，应当具备相应的社会意识与责任意识；设计作用于企业，展现的是一个企业的文化价值与创新力；设计作用于民族，则作为一种民族文明的反映与象征，扮演着传播民族精神的重要角色；设计作用于国家，即为国家社会、经济、科学、技术、文化等的综合体现，其作为国家文化软实力的一股力量，其强弱决定着国家间文化竞争的成败；设计作用于世界，乃是人类文明延绵存续的证明，几乎一切人造物都离不开设计，它是人类世界的传承者也是创造者。对设计属性的正确理解和定位，将有利于设计师建立准确的设计认知，提升设计的社会意识和责任意识，真正懂得设计的重要性与价值意义。如图 4 - 8 所示，252°Living Area 可移动迷你贝壳房车内部地板上有轨道，活动的墙壁可以自由滑动，将扇形空间分割成卫生间、客厅、卧室、厨房和办公室，从而控制每个房间的大小。开启后每个房间内设施齐全，满足日常生活。房车收拢后还可以拖挂在汽车的尾部，方便旅游等。

图 4 - 8（一）　可移动迷你房车

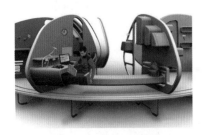

图 4 - 8（二）　可移动迷你房车

# 4.2　设计展开

　　"一半是海水，一半是火焰"，创意在理性和感性的相互碰撞中产生。——联想创新设计中心总经理姚映佳

　　概念设计是一个理性地将设计概念赋予设计的过程，它包括了对设计主题的演绎、设计理念的推理等过程，表现为一个由粗到精、由模糊到清晰、由抽象到具体的不断进化的过程。

## 4.2.1　概念设计程序

　　任何设计活动都有一个延续的时间段，都会探讨程序的问题，且大多倾向于将设计描述为具有逻辑性、系统化、过程性的程序。认识设计程序的意义，在于把握科学合理的设计方法来推演与把控概念设计的过程。设计专业的学生往往注重设计的结果，忽视设计的过程。而设计学习阶段更重要的是过程重于结果，重要的是得出结果的过程是否合理（如图 4 - 9、图 4 - 10）。

| 策划 | 规划 | 设计 | 营造 | 评价 |
|---|---|---|---|---|
| （愿景、目标） | （方向、策略） | （路径、方案） | （方法、实施） | （反馈、迭代） |

调研、观察、发现、数据收集、计划制定

确定需求和问题，制定计划，规范谋划

方案识别、问题聚集、判别要素、明确目标

形、材、质、色、技……

检验、评估、纠错、修正、反馈

图 4 - 9　设计程序（一）

概念设计的每一环节都需要严谨的对待，甚至是一个反复斟酌、无比艰难的过程。通常，概念设计程序可客观地描述为"设计任务—解析问题—明确方向—解决策略—完善方案"。具体可以分为以下几个步骤：

（1）建立目标。

概念设计的目标不仅是满足设计任务书上的功能、面积、流线等具体指标要求，而应该要具有相当的高度与指向性。这就需要设计者能准确地理解"目标"与"理念"之间的关系。如果说"目标"是设计最终要达到的状态，那么"理念"则是对如何达到这个状态的初步描述。从某种意义上说，"目标"是设计的终点，"理念"是通向终点的途径。"理念"与"目标"具有前后一致的特性，对目标的最终检验也依赖于这种一致性。具有实践意义的目标里面，必然暗藏着合适的理念，这种理念将会随着目标的推进不断给予其能量。当然，设计目标也是可以分解的，设计问题的多层次性决定了目标的多层次性（如图 4-11）。

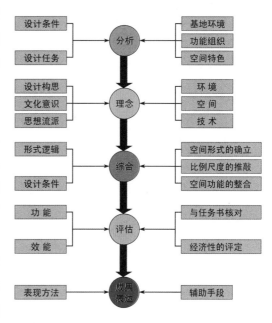

图 4-10　设计程序（二）

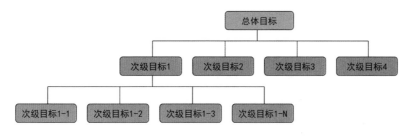

图 4-11　目标的层次

（2）聚焦对象。

在体察调研、案例分析、文献研究及目标确定的基础上，进一步梳理问题及产生问题的原因，从而聚焦设计的对象。聚焦是进行创新性思考的重要环节，焦点的类型可以分为一般性焦点和目的性焦点，在这里我们重点陈述关于目的性焦点的使用方法。所谓目的性焦点是指具有明确目标、目的的思考，比如提升功能、提高产值等。对目的性焦点的把握，首先对内容含糊的问题进行改进，使其更具有方向性。比如怎么样让餐厅更加有特色？如何让用餐方式变得更加特别？随后再将问题拆分成小问题：用餐方式＝点餐方式＋食物呈现方式＋餐具或座椅＋用餐过程中的服务，细化每一个小问题，并且设置预期的效果，给自己布置需要完成的任务。最后，找到解决问题的方法。

（3）确定主题。

这个阶段也称之为概念定位阶段，这个步骤相当关键，将决定接下来的整个设计过程是否顺畅，也是概念设计最为重要的核心所在。设计者需要对市场需求、用户要求有一定程度的认知和了解，可以通过社会调查、现状对比等方式进行资料的收集与整理，确定设计主题。

（4）提取要素。

设计要素对设计的重要性就好比是建设一座大楼的材料，在经过前期工作的基础上，需要对众多零散、无关的要素进行重组，这是一个选择、审美、提炼、升华的过程，只有与设计概念相关的要素才是有意义的元素。有用的设计要素包含了现状空间环境中诸如功能、形态、结构、用地、密度、气候、流线等"硬性"要素，以及如经济性、文化性、美观度、使用者特征等"软性"要素。这些要素必须以设计的模式加以整理。当然，对基础材料的体察与整理是没有止境的，为了提高设计要素的有效性，体察调研的内容要紧紧围绕设计目标展开，并且将其按照合理的组织方式进行二次消化，挖掘出隐藏在那些数字、图表背后的"设计"信息（如图4-12）。

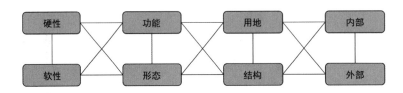

图4-12 设计基本要素的关系

（5）拟定策略。

在以上几个程序的基础上，下一步将要运用适当的设计策略及方法，是设计概念、构想得以实现的重要手段，也是对前期调查研究的一次检验。比如要确定总体布局、组团等级、空间造型等问题，同时还需深化这些问题，细化具体尺度、结构、形式、功能、构造、材料、细部等要素。另外，设计概念是可以进行拆分的，我们只需要把看起来很抽象的概念拆解成几个小的方面，便能和实际问题进行融合，并列出具体的解决策略了。

## 4.2.2 设计主题演绎

在概念设计深化的过程中，设计主题引导着整个设计的开展。在将概念向环境设计转化的过程中，应选择与基地环境、受众对象、诉求目标等相符的设计主题，从而使设计的每个过程都具有依据和意义。作为概念设计的一部分，主题也应随着设计的推进不断地进行提炼与演绎。

1. 方法

设计主题提炼演绎方法有很多，下面主要介绍几种较容易实现的主题提炼演绎方法：

（1）概念扇绘制法。

概念扇绘制法是一种意义构建法，它通过自上而下的组织层级，将与设计相关的问题按照焦点问题、设计概念、具体策略的顺序进行关联和组织。通常，我们的大脑是无法按照一般的表达逻辑进行思考的。如："大脑思维：道路很拥挤→不去上班就好了→可以在家工作→道路就没有这么堵了→减少交通量""逻辑思维：道路很拥挤→减少交通量→可以在家工作→道路就没有这么堵了→改变出行方式→错开出行时间"。

这样一来，便容易造成思考与表达之间的错位，许多灵感也将稍纵即逝。而概念扇则可以通过图表的形式帮助我们整理脑海中的思维，为设计者提供一种视觉系统复合性的平台，以便于设计者更加清晰地观察到问题、概念、策略之间的联系。当思维进行不下去时，通过概念图表我们便能快速退回到问题的上一个层面（比如，当概念扇推演到错开出行时间时，我们发现我们并无从着手进行设计，便可以去思考上一层的问题——改变出行方式，直至产生灵感——可以在家工作，或许我们可以设计一个城市工作站），以重新打破僵局，建立起新的关系。

值得注意的是，概念扇绘制法需要设计者对所设计的领域有一定相关知识，否则将很难建立起各个要素之间的有效关系，另外找到设计中最关键的焦点问题也将是概念扇成功推演的关键所在。

（2）Elito 方法。

Elito 方法是一种根据研究观察和业务标准得出言之有据设计观点的方法，它由美国伊利诺伊理工大学的硕士研究生 Trysh Wahlig、Margaret Alrutzl、Ben Singer 于 2002 年发明，以此方法来缩短"设计分析"与"设计综合"之间的联系。Elito 方法的具体操作方法是通过列表来实现的，表格共 5 列，分别记录研究观察到的事件与自身见解，每一列为一个 Elito 实体，每 5 个 Elito 实体形成一个逻辑主线或者设计观点，例如：观察解读意义方法隐喻。观察的内容？如何看待观察到的内容？设计的最终意义是什么？如何解决问题？设计最吸引人的地方？

通过对这些问题的具体回答与梳理，进一步完善设计的思路，将更加有利于设计主题的提炼与演绎。

（3）"沙漏"法。

设计方法的建立和推进是围绕概念展开的，是一个不断精炼、理性推演的过程。所谓"沙漏"法，指设计概念主题确立之前，从与设计有关的人、事、物、场、时等要素出发，将各种问题需求明确地集聚于概念主题；而在确定概念主题之后，以理性推演为手段，对场地、功能、形态、技术、审美等纬度展开具体的路径建构（如图 4 - 13）。

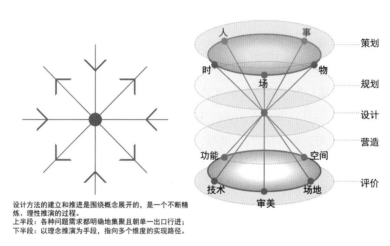

设计方法的建立和推进是围绕概念展开的，是一个不断精炼、理性推演的过程。
上半段：各种问题需求都明确地集聚且朝单一出口行进；
下半段：以理念推演为手段，指向多个维度的实现路径。

图 4 - 13　"沙漏"法

（4）"双钻"法。

双钻设计模型由英国设计协会提出，该设计模型的核心是：发现正确的问题、发现正确的解决方案。一般应用在产品开发过程中的需求定义和交互设计阶段（如图 4 - 14）。

双钻模型主要分为两个阶段四个步骤，分别为：发现、定义、深入和输出。发现—研究：首先理解问题或者挑战，确认应该获取的相关信息，规划出如何研究，执行研究获得研究结果。定义—综合：关注的焦点是用户当前最关注、最需要解决的问题是哪些，需要根据团队的资源状况作出取舍，聚焦到核心问题上。将研究结果集中于能解决问题 A 内。深入—构思：基于研究结果，致力于核心问题的解决方案。输出—实施：用合适的方法将想法或解决方案转化为实物或原型，并进行反复测试与优化。

（5）情景法。

情景法是一种叙事型的、较为灵活的设计方法，它以未来作为设计背景，描绘一个故事情境，并最终进一步获得更加贴近用户体验需

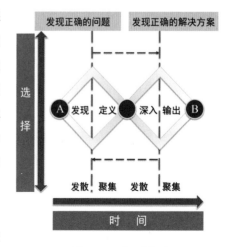

图 4 - 14　"双钻"法

求的设计思路。例如，设计一个大学生一天的校园生活的情境故事，那么通过情景的描述将从中发现现有设计合理与不合理的具体环节，也可以通过这个故事提炼更为恰当的设计主题。通常情景法与故事板可以相互结合，来增强分析研究时的视觉系统感官。

2. 案例演示

当完成了设计前期的相关工作后，设计发展的方向开始逐渐清晰，此时，设计师需要根据主题把不同的特征融入到设计中，将环境设计的基地环境、功能、造型、色彩、材质、肌理、结构等构想具体化、明确化。

如《"抚平创伤"——"5·12"汶川地震纪念广场概念设计》（作者：方菀莉、吕欣侃），功能定位："纪念地景"不仅是一个用来纪念过去的建造形式，并且是一种用来面对未来的疗愈历程。空间特色：用"5·12"汶川地震回收再生的建筑废料来建造一个兼具纪念和疗愈双重用意的场地。使参观者从人造建材（回收废料）中回想过去，并且通过与自然元素（阳光、水、泥土、种子）的互动过程（观看、触摸、种植）来治愈心中的伤痛，找到面对未来的勇气。

设计元素切入：

残石——将建筑废料用于修建纪念场地；

殇口——在"5·12"汶川地震中，共有6万多人丧生，场地内修建6万多个下沉式地坑；

震地——Z字形地形（纪念馆）用来纪念自然力量"地震"，其轴线直指向"5·12"汶川地震的震中，以纪念这个历史时刻；

迎日——场所朝向东面（太阳升起的地方），鼓励人们拥抱阳光，走向未来；

活水——在纪念馆的屋顶设计一个收集雨水的水池，形成薄薄的水墙，流过整个纪念场，并溢满地面上的凹洞，水可被触摸，并可帮助万物生长；

洒土——由参观者将泥土洒入凹洞里，抚平殇口，用以悼念逝者的形式；

播种——参观者亲自播种栽植的活动项目，不仅能降低纪念场所的维护成本，并有助于治愈逝者亲属的创伤（如图4-15）。

## 4.2.3　设计分析与综合

所谓分析就是将事物、现象、概念分门别类，离析出本质及其内在联系。分析是一种发散性思维，是把同一事物分解成各个部分、阶段、方面，或者把事物的个别特征及其他事物的个别联系等区分开来，获得对事物某些侧面或联系的认识。

综合是与分析相对应的另一种方式。综合就是把对象或现象的各个部分、各个阶段、各个方面及个性特征结合起来，把事物作为多样而统一的整体来看待。同时，综合也可以使得原先并不相关的事物之间建立起某种关联。

分析有针对事物组成部分的分析，有针对事物表象与本质的分析，也有针对事物的客观存在与主观感受的分析。任何事物总是由不同的部分组成的，任何事物也都有表象与本质的区别，任何事物也都有客观存在与主观感受的区别，而且常常会不一致。只有经过分析，才能看清什么是事物的表象，什么是事物的本质。

强调分析的重要性，就是要尽可能使人对事物的判断更接近事实，从而避免因错误的判断而得到错误的结果，给设计工作带来损失。

设计分析贯穿于整个设计过程和各个设计阶段。在前期的设计体察阶段，面对庞杂的原始资料和素材，需

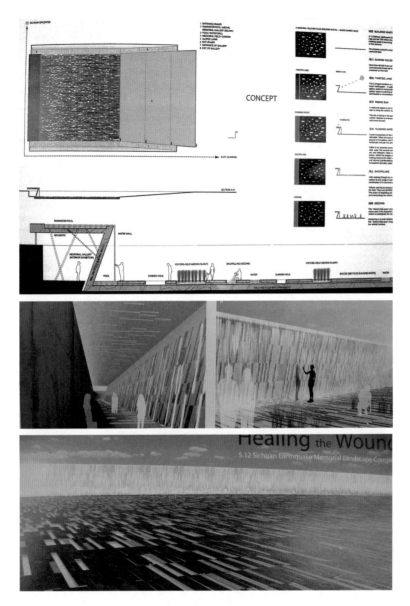

图 4-15   汶川地震纪念广场概念设计

要做去伪存真、由表及里的分析整理工作，才能精确地挑选出对设计有用的信息；在设计构思与推进阶段，运用什么样的方法和手段，制定什么样的计划才能更有效地达到目的，同样也需要分析、判断与综合；最终方案确定与实施，也需要通过准确的分析、比较和评估后确定最佳方案（如图 4-16）。

设计分析包括定量测度和定性评价两种方式。设计分析是概念设计构思与拓展过程中的重要环节，其基础是设计观察和设计记录所形成的图样、数据等信息。设计分析的结果作为设计方案确定和后续设计工作推进的重要依据。

环境设计分析主要内容包括场地分析、空间结构分析、交通东线分析、形态特征分析、功能需求分析、受众群体分析等。

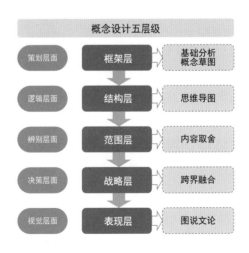

图 4-16   概念设计层级图

# 4.3 设计评估

概念设计的过程是寻找、生成备选方案的过程，其中离不开众多的选择与评估。设计评估是在验证的基础上，与最初设计定位做充分的比较和印证，应贯穿于设计的整个过程，以帮助设计者选定最佳方案，做进一步修改调整意向。对于学生的课程设计而言，强调"评估"的目的在于：更好地理解设计逻辑关系以及判断自身把握方向的能力，老师应引导学生不要惧怕评价，在整个思考与创新的过程中没有坏的想法，所有的创新都是具有同等价值的。

## 4.3.1 评估依据、内容与方法

### 1. 依据

设计评估的依据是设计任务书，也就是课程之初学生所设定的设计目标，将设计预期与成果相比较，容易比较出设计成果中的不足，加以深化或修改。

首先，学生可以结合对任务书的分析和对场地的调查，根据自己的初步设计意向，设计一张分析评估表。表格中应至少设置有方案必要条件、方案应有条件和方案价值标准排序三个大块及各板块中的数个条件，以便于设计者自己在设计的过程中可以不断地筛选和检验设计成果。其次，是设计对象对设计成果的满意程度。当然这一依据的获得，在学生课程设计中尚有一些难度，但并不全无可能性。老师可在课堂中组织学生进行多次方案展演，并相互给予设计评价作为评估代替，以此做一定的设计评价依据（如图4-17）。

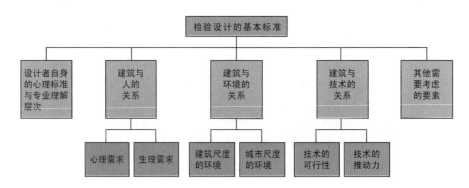

图4-17 检验设计的标准分类

### 2. 内容

具体评估包括以下内容：设计方案是否恰当的反映最初设定的标准或是目标；功能是否合理，逻辑切合实际；是否较好地满足人的各项需求；概念设计在可预见的将来就可以实现；是否还有其他新的地方可以突破。对于这些问题的解答，就能够勾勒出对设计成果的合理评估与检验。

学生只有学会正确的评估与检验自己的设计方案，才能成为一个不断进步的设计师，一个好方案需要至少接受以下六个方面的标准评价。

（1）功能性。

功能性是设计存在的基本价值，设计方案的功能性可以表现在很多方面，学生在进行设计评估的时候应该注意抓住问题的主次，对于设计是否满足必要条件，解决方案是否合理应该重点评估，反复检验，而其他的次要功能则要注意筛选，切勿因妄图设计方案面面俱到而丧失了设计方案本身的核心意图。

（2）表现力。

表现力是一件设计作品得以示人的载体，设计师赋予设计以内涵与精神，最终都是要通过材料、色彩等形式语言而得以实现的。设计中的功能与美观似乎是一对"反义词"，两者之间总在相互博弈，但是通过设计传达和给予人们美的享受是设计的底层逻辑，因此，设计表现力于一件好的设计作品而言，其重要性应当是与作品的功能性相当的存在。

（3）可行性。

可行性一般指的是设计作品的可实现性与应用价值，设计方案如果无法得以落地和实现，其所具有的价值就终将是一场空谈。在概念设计课程中，学生往往会认为只要设计选题足够有前瞻性、设计方案足够有创新性就可以了，过分的考虑可行性则反而会束缚设计思维的发散。实际上，这是一个严重的认知误区，设计的可行性并不与天马行空的设计构思相排斥，所谓前瞻性、概念性的设计方案只不过是因为现实的一些原因无法立刻实现而已，但其本身的逻辑结构、设计依据、技术手段仍然应该遵从现实情况，在限制中取得相对的创新自由。

（4）创新性。

创新性是概念设计的核心要素，也是重要的评估要素。所谓创新既包含了突破式的设计颠覆，也囊括着无数渐进式的设计改良，这些都是人们对生活方式选择的结果，这两者的价值地位应该是同等的。不同的是，哪个创新点的应用基础和商业逻辑更加合理，也就是说，在对设计的创新力进行评估时，不仅要求"新"，同时也要求"合理"。

（5）可持续。

可持续发展已成为一种设计态度，代表了设计的立场和设计师的社会责任感。以"商业"为目的的有计划废止制度、过度化包装等社会问题终将在历史的长河中渐行渐远。在进行概念设计创作时，无论是否以可持续发展为命题，都需要重视设计的环保性、包容性，关注设计的全生命周期，这将是评估一个设计方案不可回避的标准。

（6）文化性。

对设计文化性的解读可以从两个维度来进行：一是纵向的时间维度，也就是设计的时代特征；二是横向的空间维度，也就是设计所带有的地域文化特点。因此，设计是否有清晰的文化定位，是否能够反映出时代对设计的要求，是否符合作品的既定文化语境都是十分重要的评估标准，含混的定位和生硬的文化搬运不但无法达到良好的设计效果，更不可能打动使用者。

3. 方法

设计评估与检验是贯穿于整个概念设计过程中的，针对设计的不同阶段，我们可以使用不同的评估方法对设计方案进行评估，以达到选定最佳方案，作进一步修改调整意向的目的。

（1）整体评估法。

整体评估法指的是将每个想法都作为一个整体进行评估，在设计初期面对海量的设计创意的时候能起到快速筛选的作用。

1）点粘法：每个参与人都将持有相同数量的粘贴点，并将他们快速的分配给待评估的各个创意想法。完成分配后，根据每个创意所获得的点数的不同，小组成员可以进一步对各个方案进行讨论，从而产生更进一步的设计思考。点粘法能非常直观地看到评价的结果，以及结果与预期之间的差异，这个方法，也同样适用于在课堂上，老师希望学生能进行相互评价时使用。

2）比较法：将每个想法与另外一个想法进行对比，每次比较后放下认为较一般的想法，将更好的方案与另一个想法再继续进行比较，如此重复，进而实现对各个想法的排序。当多人参与时，每个参与者可先单独进行比较排序，然后再就所有人的结果进行讨论。

3）挑选法：该方法适用于评估较大量的设计创意时使用。每个参与者按照自己的意愿筛选出最喜欢的五个想法（数量可以根据挑选对象的总数调整，如果数量过大，也可以进行两轮筛选），然后进行进一步的讨论和加工。这个方法可以快速地筛选掉一些价值较小的方案，让参与者快速聚焦。

（2）分析评估法。

根据设计项目的不同，问题切入角度的不同，每个团队都应该列举一套适用于自己设计初衷的评估标准，以便于在设计的各个推进环节中随时检测自己的思路和方案。该标准可以包括以下几个部分：

1）必选项：即为该设计目标必须满足的特定充分必要条件，凡是不能满足该条件的创意和方案将直接被淘汰。

2）应选项：具有一定容限的评价标准，可用是或否选项来进行标准的设定。（必选项和应选项主要适用于快速淘汰不合适的设计创意）

3）检查清单：以问题形式表述的评价标准，用于检查设计创意是否偏离设计初衷。

4）价值分析：学生可根据自己的项目中各个标准的重要性，设定六大设计评价依据的权重（功能性、表现力、可行性、创新性、可持续、文化性），并通过价值评分将所有的创意进行排序。

以上这些评价标准的具体内容，需要学生通过分析任务书和基地现状，整理调研对象的访谈内容来进行设计。

（3）辩证评估法。

由于我们自身的认知限制和主观倾向，我们对于一个设计创意的初步判断往往是具有感知局限和认知偏差的。在这里我们可以用到加强感知的 PMI 工具，以便于我们在没有其他设计标准的情况下，通过对照设计创意的有利因素和不利因素来进行创意的检验。P（Plus）：有利因素；M（Minus）：不利因素；I（Interest）：兴趣点。学生可以分别列举一个创意的以上三个方面的因素，然后根据自己所列举的内容从更加客观的角度重新对问题的解决方案进行思考，最后所有的参与人可以再次使用点粘法进行设计决策。

当完成评估后，其最重要的价值就是对设计概念及成果本身做出修正，因此，对于获取到的评估结果要有合理的分析，并从中要到新的突破口，不要畏惧任何一个环节中的失败，越早的失败对于设计创意而言越有利。

## 4.3.2 体验与决策

通过概念设计课程，启发引导学生对前沿设计思想、最新民生动态进行一定的认识与学习，在不断思考与反复训练中强化学生的思维逻辑能力，有利于其未来的学习与发展，帮助学生建立自主设计创新的思维结构，形成系统的专业知识体系。

1. 体验

体验是检验设计好坏的标准。设计不是静态的，而是与大众互动的，让人在体验中感受设计以及设计给生活带来的变化。

体验的主体是用户，尊重用户体验在现代设计中占据极为重要的位置。打个比方，如果把一个设计比喻成一个人，则用户体验就是这个人留给别人的印象分。如果一个设计的印象分越高，用户对这个设计的使用频率也就越高，就表示一个设计越成功。这是在产品同质化越发严重的今天，决定一个设计是否可以突出重围的关键所在。

通常，设计中关注和强调的体验有以下几种类型。

（1）感官体验。

人依据眼、耳、口、鼻等器官来感受外界环境的刺激与变化。视觉、听觉、嗅觉、触觉、味觉等知觉是人类接触和感知世界的最基本形式，也是形成更为综合、复杂的体验的前提。其中，视觉感知是人类最重要、最直接的一种感知方式。设计的形态、色彩、质感、肌理等都依赖视觉感知获得。从感官中获得的信息，与自身经验、经历等信息库综合后，会引发人的喜、怒、哀、乐等情绪反应。例如色彩的冷暖、空间的狭阔都会造成人的情绪变化。

（2）交互体验。

交互是人与人之间的信息与情感的对流过程，交互的本质是人的参与。交往是人最基本的需求之一，人在交往过程中表达自身的存在。人际交往的体验是心理学、文化人类学和社会学的研究课题，大量研究表明，环境的改善可以有效地促进交往，从而为人们提供更高质量、更多可能性的体验。因此，建立以用户为中心的设计，要做到与人的感官、想象、情感以及知识直接进行互动，让用户在体验互动的同时感受设计，并由此改变或引导人的生活质量和生活态度（如图 4 - 18）。

（3）情境体验。

境界是一个主客观融为一体、主观情感和客观景物交互的概念，也是一个赋予景物以情感和意义的过程。空间环境及界面、设施等承载大量信息，可以诱导多种可能的体验。把空间环境和象征主义联系起来，形成某种意境，赋予参与者以某种情境体验（如图 4 - 19）。

图 4 - 18 根据人们随意将眼镜插入口袋的习惯而做的展示

图 4 - 19 PHILIPS 公司"诺亚方舟"项目

2. 设计决策

设计决策指的是把控和规划一个设计的未来方向。在商业设计中，设计的决策人通常都不是设计师自己，往往是比设计师更懂得市场的运营者。但对于概念设计课程教学来说，学生必须自己给自己以设计决策，这对于一般设计师来说都极为头疼的事情，在教学中的难度可见一斑。在这里就要求教师应当要给予学生充分指导，把握设计的总体方向。

（1）以用户的身份思考。这一点其实就是重视用户体验，设计者要设身处地地从用户的角度出发，思考问题，而非一厢情愿。

（2）以设计师的身份思考。这就要求学生必须时刻保持严谨的专业态度和专业眼光，绝不能出现"理念好听就行""设计好看就行"这样敷衍了事的态度。

（3）大胆尝试。学生的设计往往容易出现两个极端，要么就是过分天马星空，要么就是过分保守，中规中矩。概念设计课程容许学生一定程度的试错，鼓励学生放开手脚，而不是一味墨守成规，过分追求设计的合理性与可实施性，最为重要的应当是对设计理念的充分诠释。

（4）交叉互评。在设计过程中，教师应鼓励学生之间多相互交流与评价。在这个过程中不但可以看到自身设计的不足，也可以在相互交流之中，由于思维的碰撞，而产生更多的灵感，获取不同的思考方式。最为有效的方式，就是在课堂上，以一个星期或既定的时间为周期，通过 ppt 的方式进行方案汇报，并鼓励学生就汇报的方案进行评价。

### 4.3.3　概念设计的社会作用

科技进步与物质生活的提高，促使设计向着人性化、情感化的方向发展，健康、环保的设计理念受到大众的追捧和关注，而新的设计走向同样影响着未来社会，引领着人们走向更为健康、可持续的未来生活。概念设计的灵魂与本质是创新，其重要性在于可以不受到现有科技水平的限制，而能够将设计师所引领和提倡的未来生活方式展现出来。

概念设计是设计思想的一种体现，它是有意识地运用总体的概念来思考设计的策略，能有效的构思、分析并选择出较好的设计方案。概念设计也体现了设计的灵活性，在概念设计中，设计师虽然要遵守强制的设计条例，但却不必拘泥于经验、教条，可以采用一些假设与夸张的方法，对设计的未来性与创新性进行探讨。因此，概念设计必将带领着设计向健康可持续的方向发展。通过课程的学习与训练，学生们也将逐渐摆脱低水平的、形式主义的设计方式，真正看到设计所要解决问题的本质，学会用设计的方法去服务和关怀整个人类世界。

# 优秀教学案例解析

## 案例1：互联网思维下的智慧乡村景观概念设计

● 设计：宋志涛、刘彦臣，指导老师：杨小军

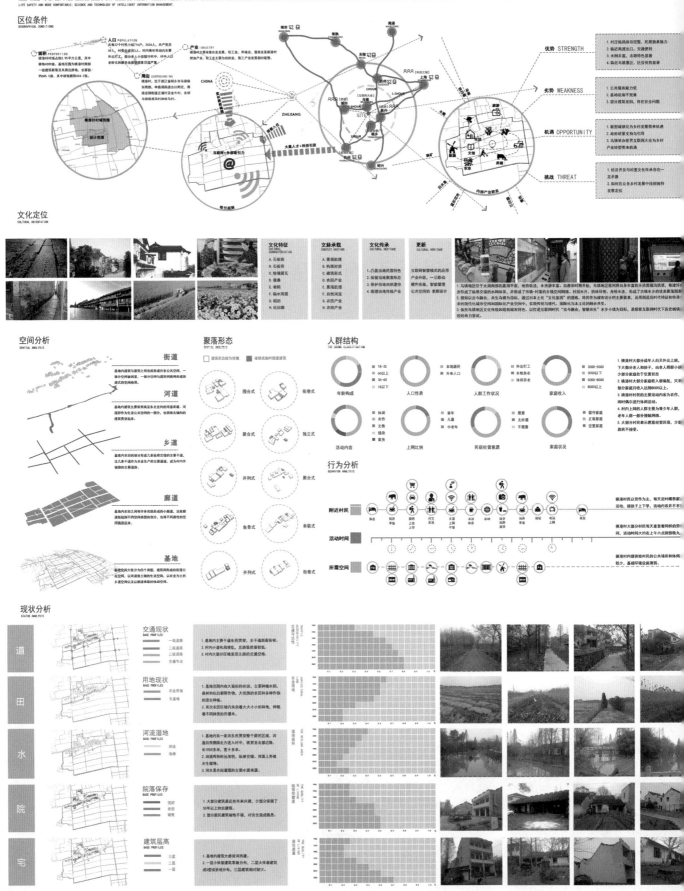

INCEPTUAL DESIGN OF INTELLIGENT RURAL LANDSCAPE BASED ON INTERNET THINKING: A CASE STUDY OF HENGGANG VILLAGE

理工大学艺术与设计学院2016届环境设计系毕业作品　小组成员：宋志涛 2012334405061 刘彦辰 2012334405058　指导老师：杨小军

## 观背景 / BACKGROUND

乡村旅游人口逐年上升
文创人群开始进驻乡村
乡村人口逐年下降
互联网普及使用人次上升

## 人群结构变化 / POPULATION STRUCTURE CHANGE

随着时代的发展，信息和交通越来越便捷，人群流动性越来越大。哪些人将是未来乡村的主体人群？

在未来各类活动和行为将人群聚集乡村，同时空间环境的提升也将吸引各类人群。根据数据分析，他们将分为三类人群（新村民、文创人群、旅游人群）

## 念生成 / DEVELOPMENT CHARACTERISTICS

化 INFORMATIONIZE
能 INTELLIGENT
集 COLLECTION
续化 SUSTAINABLE
化 DIVERSIFIED
放 OPENING

生活 LIFE
产业 INDUSTRY
文化 CULTURE

多功能 MULTI-FUNCTION
多活动 MANY ACTIVITIES
高产值 HIGH OUTPUT
附加值 ADDED VALUE
高辐射 HIGH RADIATION
可复制 CAN BE COPIED

大数据 BIG DATA
平台 PLATFORM
简约 SIMPLE
社会化 SOCIALIZATION
用户至上 USER FIRST
跨界 TRANSBOUNDARY

保护 保护乡村有有风貌 提升未来富产业类型
加速 建立城乡之间结构 加快城乡新民族关系
提高 提高供求效率 最大化利用农业生产

乡村生活2.0
发展 回归
传统乡村

旅游人群
智慧生活 智慧旅游
智慧核心
新村民 智慧文创 智慧农业 文创人群

人群综合
信息开放
发展多元
基础完善

**智慧乡村 WISDOM VILLAGE**
传承以创新，为智慧之村

## 群策略 / CROWD STRATEGY

文创人群 LITERARY AND CREATIVE PEOPLE
旅游人群 TOURIST POPULATION
新村民 THE CROWD STRATEGY

活动类型：06:00 08:00 10:00 12:00 14:00 16:00 18:00 20:00

写生 运动 采摘 交流 沙龙 表演 画展 娱乐 认养 养生 饲养 研发 农田租赁 节庆 农歇 众筹 阅读 理财 采购 摄影 耕作 休闲 游览 手工体验 美食 露营 早市 手工 促销 通讯

智慧农业 智慧生活 智慧文创 智慧旅游

## 计策略 / STRATEGY

人群行为需求：分享 交互 传播 文养 记录 体验 创造 提醒

空间需求：文创空间 旅游空间 生活空间 农业空间

空间植入：商业服务 文化休闲 生活基础 旅游配套 文化创意 居住配套 自主产业 社交学习

空间展现：步道 廊道 创道 河道

空间形成：智慧文创 智慧旅游 智慧生活 智慧农业

**整合资源**
基地的结构与周边的现状资源及本基地相关。通过资源梳理出激活基地的脉络。

**功能植入**
基地内大量的生态基地成为主要的触点，随之输入相关的功能形态。生成场地的主要结构。

**系统复合**
触点效应逐步加大，利用原本肌理机构，引入符合基地的系统，梳理基底的脉络。

**序列生成**
利用原有生态肌理以及建筑肌理形成治序列空间生长的空间形态，贯穿基地内部的各场所空间。

## 间策略 / SPATIAL STRATEGIES

演变 / EVOLUTION → 板块形成 / PLATE FORMATION

民宅 PRIVATE HOME | 重复体块 REPEATING BODY BLOCK | 形成局部 FORMATION OF LOCAL | 空间错位 SPATIAL DISLOCATION | 景观配置 SPACE ENCLOSURE | 补充空间 ADD SPACE | 单体介入 MONOMER INTERVENTION | 入口强调 ENTRANCE TO EMPHASIZE

院落 COURTYARD | 围合空间 ENCLOSED SPACE | 形成局部 FORMATION OF LOCAL | 变异 VARIATION | 空间消隐 SPACE BLANKING | 街道界面 STREET INTERFACE | 景观配置 SPACE ENCLOSURE | 体量 DIMENSION

滨河 RIVERSIDE | 强调 EMPHASIZE | 植入 IMPLANTATION | 变异 VARIATION | 重复 REPEAT

池塘 POND | 切割 CUTTING | 渗透 INFILTRATION

农田 FARMLAND | 重复 REPEAT | 隔断 PARTITION | 局部景观 LOCAL LANDSCAPE | 空间介入 SPACE INVOLVEMENT | 单体介入 MONOMER INTERVENTION | 渗透 INFILTRATION | 分割 CUTTING

养殖场 FARM | 空间分裂 SPACE DIVISION | 空间聚合 SPACE AGGREGATION

林地 WOODLAND | 空间分裂 SPACE DIVISION | 空间围合 SPACE ENCLOSURE | 单体介入 MONOMER INTERVENTION | 变异 VARIATION | 界面 INTERFACE

# 互联网思维下的智慧乡村景观概念设计——乌镇横港村总体景观设计

浙江理工大学艺术与设计学院2016届环境设计系毕业作品  小组成员：宋志涛 2012334405061  刘彦辰 2012334405058  指导老师：杨小军

**CONCEPTUAL DESIGN OF INTELLIGENT RURAL LANDSCAPE BASED ON INTERNET THINKING: A CASE STUDY OF HENGGANG VILLAGE**

**总平面**
**GENERAL LAYOUT**

图例：
1 养生林地
2 采摘果林
3 坡中步道
4 互动养殖场
5 露营场
6 风情渔场
7 观光体验农田
8 签约农场
9 农业标识中心
10 农业物流仓储
11 精准农业
12 众筹农田
13 认养农业
14 庭院农业
15 民俗分享馆
16 创客之家
17 艺术家工作室
18 创意集市
19 农销展示空间
20 众筹书院
21 文化中心
22 手工艺作坊
23 民宿
24 休闲茶吧
25 居民住宅
26 网络信息服务
27 村民活动中心
28 互联网医院
29 特色藩铺
30 室内运动场
31 接待服务中心
32 停车场
33 智能驿站
入口

## 功能分区
FUNCTION PARTITION

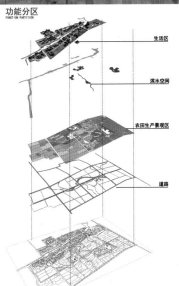

生活区
滨水空间
农田生产景观区
道路

交通分析
TRAFFIC ANALYSIS

梳理场地内主要干道，梳理生活空间内建筑与农田空间道路通，以不同的方式将交叉链接不同场杀空间，区分车行道、非机动车道与步道，同时在一定距离内设置智能自行车停靠点，村庄入口设置停车场，方便人群出行。

水系分析
WATER SYSTEM ANALYSIS

梳理村内河道，将局部水系与河道打通，形成循环，将部分地块形态进行强化和艺术处理，在可以满足不同空间场景的功能需求，如养殖、垂钓、灌溉，又起到丰富空间形态，达到观赏的作用。

建筑分析
BUILDING ANALYSIS

将村内建筑大致分为三类，保留、修缮、新增。保留一部分形态功能完整的传统民居，拆除局部破旧不堪的建筑，对大部分特色缺失的建筑进行营修，同时根据未来乡村的群的行为需求，在场地重置植入不同功能的新建筑

空间分析
SPATIAL ANALYSIS

场地内空间形式主要有私密空间，半私密空间和开放空间三种类型，其中建筑院落区域私密性较强，公共休息区为适合休闲活动、漫游的半私密思半开放空间，农田景观区为交往性较强的开放空间。

空间节点
SPACE NODE

场地内四类空间类节点相互交织，智慧文创空间主要分布在沿街，智慧生活主要分布在沿河带，智慧旅游主要分布在沿街，智慧农业空间主要分布乡道分布。

视线分析
LINE OF SIGHT ANALYSIS

场地内根据设计形成成几条自然形成的视线通廊，建筑民宅区的视线较为集中，空间层次丰富，形成视线较为集中的近景，农田区域的视线相视对开阔，形成视线相对分散的远景

主界面
MAIN INTERFACE

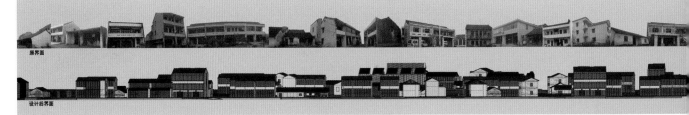

原界面

设计后界面

地策略
STRATEGY

可道空间
RIVER CHANNEL SPACE
现状

街道空间
STREET SPACE
现状

廊道空间
CORRIDOR SPACE
现状

乡道空间
TOWNSHIP ROAD SPACE
现状

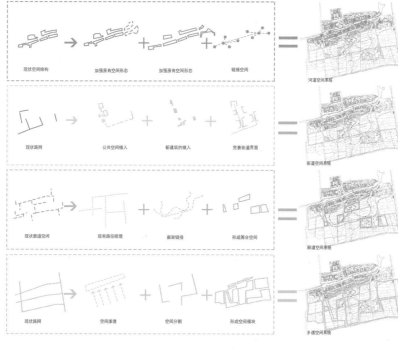

现状空间结构　加强原有空间形态　加强原有空间形态　链接空间　河道空间系统

现状路网　公共空间植入　新建筑的植入　完善街道界面　街道空间系统

现状廊道空间　现有路径梳理　廊架链接　形成围合空间　廊道空间系统

现状路网　空间渗透　空间分割　形成空间模块　乡道空间系统

部透视
PERSPECTIVE

# 互联网思维下的智慧乡村景观概念设计——乌镇横港村总体景观设计

智慧生活
INTELLIGENT LIFE

CONCEPTUAL DESIGN OF INTELLIGENT RURAL LANDSCAPE BASED ON INTERNET THINKING: A CASE STUDY OF HENGGANG VILLAGE

浙江理工大学艺术与设计学院2016届环境设计系毕业作品  小组成员：宋志涛 2012334405061 刘彦辰 2012334405058 指导老师：杨小军

## 概念解析
CONCEPTUAL ANALYSIS

## 设计策略
DESIGN STRATEGY

发散空间 DIVERGENT SPACE

对话空间 DIALOGUE SPACE

围合空间 ENCLOSUE SPACE

## 总体分析
GENERAL ANALYSIS

## 方案生成
SCHEME GENERATION

功能更新 FUNCTION UPDATE

传承建筑 HERITAGE ARCHITECTURE

滨水空间拓展 WATERFRONT SPACE DEVELOPMENT

民宿植入 B & D IMPLANTATION

公共空间 PUBLIC SPACE

与土地的联系 CONTACT WITH LAND

## 建筑设计改造
BUILDING DESIGN RENOVATION

民宿旅舍 GUESTHOUSE HOTEL  A

居民民宅 RESIDENTIAL HOUSING  B

商铺 SHOPS  C

活动中心 ACTIVITY CENTER  D

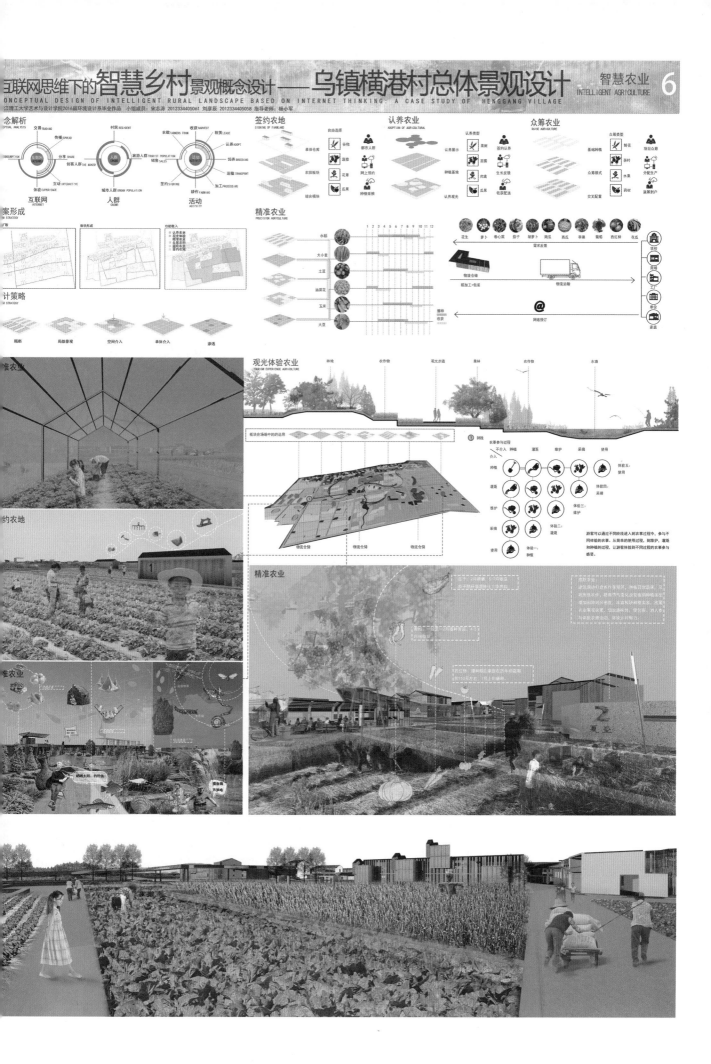

# 互联网思维下的**智慧乡村**景观概念设计——**乌镇横港村总体景观设计**

CONCEPTUAL DESIGN OF INTELLIGENT RURAL LANDSCAPE BASED ON INTERNET THINKING: A CASE STUDY OF HENGGANG VILLAGE

**智慧旅游**
INTELLIGENT TOURISM

浙江理工大学艺术与设计学院2016届环境设计系毕业作品 小组成员:宋志源 2012334405061 刘彦辰 2012334405058 指导老师:杨小军

## 概念解析
CONCEPTUAL ANALYSIS

互联网 / 人群 / 活动

## 设计策略
DESIGN STRATEGY

路网介入 ROAD NETWORK ON
环境介入 IN TRANSPORTATION
交通方式介入 IN TRANSPORTATION
活动介入 ACTIVITIES INVOLVED

## 活动策划
EVENT PLANNING

季节性活动归纳
SEASONAL ACTIVITY INDUCTION

全年性活动归纳
ANNUAL ACTIVITY INDUCTION

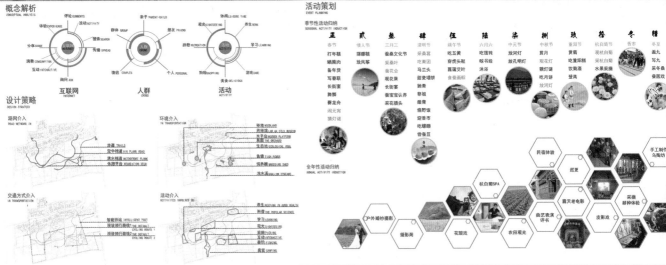

## 视线分析
ANALYSIS OF THE LINE OF SIGHT

SPRING
SUMMER
AUTUMN
WINTER

## 节点展示
NODE DISPLAY

风情渔场

采摘果林

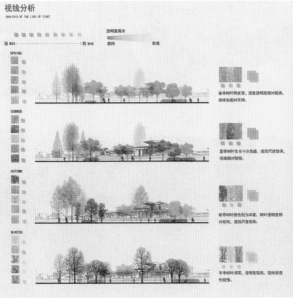

# 互联网思维下的智慧乡村景观概念设计——乌镇横港村总体景观设计

ONCEPTUAL DESIGN OF INTELLIGENT RURAL LANDSCAPE BASED ON INTERNET THINKING: A CASE STUDY OF HENGGANG VILLAGE

浙江理工大学艺术与设计学院2016届环境设计系毕业作品  小组成员：宋志涛 2012344405061 刘彦辰 2012344405058  指导老师：杨小军

## 概念解析
CONCEPTUAL ANALYSIS

互联网 INTERNET
人群 GROUP
活动 ACTIVITY

## 设计策略
DESIGN STRATEGY

街道策略：STREET STRATEGY

建筑板块：BUILDING PLATE

功能激活：ACTIVATION FUNCTION

街道贯通
板块链接
功能激活

1：乡村网咖
放置位置：放置于滨河及街道节点

2：茶春聚会
服务功能：村民经营提供茶水等服务

3：展示空间
村民放置当地工艺品及有机蔬果售卖

1F(A)：科技孵化  1F(B)：创意办公
创意单元：个人15-20㎡单元空间模块

2F(A)：农科孵化  2F(B)：众创空间
众创：450㎡开放空间模块满足多元办公

屋顶利用：雨水收集
侧立面植入立体农业，种植当地蔬果

1：创客茶馆
放置位置：滨水、滨湖、田园节点

2：田园清吧
服务功能：提供神猪猪业游客休息、用餐

3：翼想小居
提供主题民宿特色体验活动使用

房屋类型：1F-MZ
房屋类型：2F-MZ
房屋类型：3F-MZ
房屋类型：4F-MZ
房屋类型：5F-KF
房屋类型：6F-MZ

## 街道现状：
板块部分：
保留部分：
街道流线：

## 道路节点：
街道轴线
建筑部分
街道流线

## 开放空间：
农业部分
建筑部分
空间节点

## 交流展示：
使用：村民、创客、游客
功能：交流、休闲、展示
设计：原结构、新功能
面积：30-50㎡（依规模）

交流
展示

## 创客之家：
使用：创客、游客
功能：创客聚落、办公空间
设计：宅基地改建、乡村网络及材料
面积：450-600㎡（办公加生活）

风情旅游
农产开发
创意办公

# 案例 2：基于非遗传承活态保护的乡村景观环境概念设计

● 设计：张盼盼、张佳佳、袁政，指导老师：杨小军

# CONCEPT DESIGN OF RURAL LANDSCAPE WHICH BASES ON THE INTANGIBLE CULTURAL HERITAGE PROTECTION

## 基于非遗传承活态保护的乡村景观环境概念设计策略研究

非·之间 01

## 背景分析 Background Analysis

### 背景分析 Background Analysis

随着国家新型城镇化进程的快速推进，乡村景观可持续发展与设计已是我国乡村城镇化研究和景观规划设计领域的重要研究内容之一。

城市与乡村是两个不同的空间载体，乡村景观在空间介质、文化属性、场地机制、产业组成等方面均与城市景观有着本质的区别。因此，乡村景观与城市景观设计理念与方法上理应区别对待。

### 项目背景 Project Background

顾渚村位于长兴县水口乡，东临太湖，北与江苏宜兴接壤，三面环山，是自名的大风景区。村里农户761户，总人口2567人。拥有农家乐农户86家，村域18.8平方公里。

### 用地规模 Land Size

其居住用地占16.45%;商住混合用地占1.56%;公设施用地占18.12%；绿地8.25%；道路用地占10.29%；广场用地占3.56%；水域用地占11.12%。

耕地　游艇　牧羊
草坪　休憩　农耕机械

## 区位分析 District Analysis

### 气候分析 Climate Analysis

湖州市地处中北亚热带过渡区，属于亚热带季风气候。温暖湿润，四季分明，光照充足，雨量丰沛。一年中，随着冬、夏季风逆向转换，天气系统控制气候和天气状况均会发生明显的季节性变化，形成春雨、夏暖热、秋气爽、冬干冷的气候特征。

由于地貌类型复杂，地势高低悬殊，湖州市光、热、水的地域分配不均，局部地区小气候资源丰富。平均年降水量一般在800 mm~1600 mm，比这区多1~2倍，比西南区也要丰富些。

### 自然条件分析 Natural Conditions

顾渚村位于浙江省长兴县水口乡，东临太湖，是申苏浙皖黄金旅游线的中心腹地，距上海、杭州、南京、宁波、苏州、无锡等大中城市均在150公里。顾渚村生态环境优异，空气清新，景色宜人，村内拥有丰富的物种，幽幽翠竹层峦叠嶂，被称为天然的"氧吧"，景区内植被茂密，森林覆盖率6.6%。素有"生态之乡、旅游之乡"的美誉。

## 前期调研 Preliminary Investigation

### 基地容载量分析 Capacity Analysis

通过对该地段各时段不同类型的人流客流量的对比调查发现流量集中地下午时和傍晚。该地段交通利，人们多选择节假日来此休息游玩，时间长度为一两人口容载达到饱和。

在乡村发展旅游的同时却忽视了乡村景观容载量，过度开发利用使得乡村自然资源加速耗尽，生态系统遭到破坏，人居环境也受到影响。

### 人口组成分析 Demographic Analysis

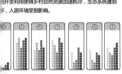

### 基地结构分析 Structural Analysis

路线　水系　建筑　分布

■ 道路 系统
■ 水系 系统
■ 建筑 分布
低海拔绿植
高海拔绿植
公共 用地

### 特色产业分析 Industry Analysis

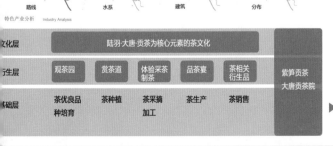

| 文化层 | 陆羽·大唐·贡茶为核心元素的茶文化 | | | | | 紫笋贡茶 |
|---|---|---|---|---|---|---|
| 生层 | 观茶园 | 赏茶道 | 体验采茶制茶 | 品茶宴 | 茶相关衍生品 | 大唐贡茶院 |
| 基础层 | 茶优良品种培育 | 茶种植 | 茶采摘加工 | 茶生产 | 茶销售 | |

## SWOT 分析 SWOT Analysis

### S 场地优势 STRENGTHS

区位交通便捷，华东地区交通枢纽；
生态村，森林覆盖率76.6%；
历史沉淀，连续贡茶871年；茶圣"陆羽"写下茶经，非遗文化丰富；
资源丰富，大唐贡茶院、金沙泉、摩崖石刻。

### W 现状劣势 WEAKNESSES

传统紫笋茶品牌知名度不高，周边新兴茶品牌的冲击；
农家乐模式单一，竞争不高；
茶文化资源保护缺乏；
茶旅变形屡屡横扰，文化内涵挖掘不够；
基础设施、娱乐设施不够。

### O 发展机遇 OPPORTUNITY

政府重视，资金投入；
茶文化旅游发展规划，弘扬茶文化，发展旅游的势头强劲；
来自上海、杭州等城市的游客对乡村农家乐式的旅游需求较大。

### T 未来挑战 THREAT

周边竞争大，促退了乡村的发展；
随着村以农家乐作为主要收入来源，对外部竞争的抵抗力不足，综合的产业经济发展急需提高。

## 设计逻辑 Design Logic

### 考察结论 Investigation Conclusions

| 人群构成 POPULATION COMPOSITION | 矛盾与冲突 CONTRADICTIONS AND CONFLICTS | | 解决方法 SOLUTION |
|---|---|---|---|
| 游客 / 本地居民 / 外来居民 | 乡村文化传播 | 文化纯粹性延续 | 活态保护模式 |
| | 乡村经济发展 | 产业发展弱化 | 产业经济方式更新 |
| | 乡村生态建设 | 脆弱的生态环境 | 突出"生态"，强调野趣，减少人工 |
| | 旅游业发展 | 当地居民感受与需求 | 居民参与、开发自用 |
| | 新景观建筑植入 | 社会发展需求 | 移植建筑作为点睛之笔，传承文化 |

### 设计需求 Design Requirements

希望营造出一个让游客对乡村有认同感与归属感的环境设计。因地制宜，因人因事，巧妙地借用建筑场地的材料机理，色彩与植物搭配的综合运用。人们在途停之余能停留在此休息驻足、彼此交流沟通的场所，增强空间与人的互动性，构建一个生态，经济，可持续的，以人为本的"和谐"环境。

### 调研与设计联系 Research and Design Contact

乡村居民及游客 — 对新事物的接受能力相对缓，活动范围受限制，人际关系呈现"熟人体系"，居民人口稳定，游客多想体验乡村风情。
保护意识相对城市弱。

设计主题词

| 生态 | 休闲 | 人文 |
|---|---|---|
| Hope — Future | Communication — Connection | Health — Wealth |
| 希望　未来 | 交流　联系 | 健康　财富 |

设计特色

特色景观规划 — 利用形式新颖，舒适感强的材料，表现出新景观特有的姿态。

内聚向心 — 多变的交流空间，鼓励相互交流游玩。

丰富的功能 — 通过丰富多变的空间功能变化，私密半开放的不同形式，满足人物的心理需求。

空间变幻与种植 — 利用场地本身上下起伏的地形，结合露式的植物种植，自然式的植物种植，创建利于交流的景观环境。

THE CONCEPT DESIGN OF RURAL LANDSCAPE WHICH BASES ON THE INTANGIBLE CULTURAL HERITAGE PROTECTION

基于非遗传承活态保护的乡村景观环境概念设计策略研究

02

## 设计思路 Design Ideas

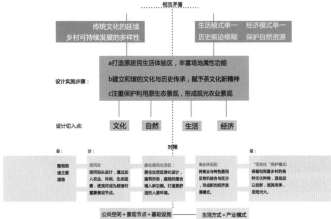

相辅矛盾

传统文化的延续
乡村可持续发展的多样性

生活模式单一　经济模式单一
历史痕迹模糊　保护自然资源

设计实施步骤：
a打造原居民生活体验区，丰富场地属性功能
b建立和谐的文化与历史传承，赋予茶文化新精神
c注重保护利用原生态景观，形成观光农业景观

设计切入点：　文化　自然　生活　经济

## 概念推导 Design Derivation

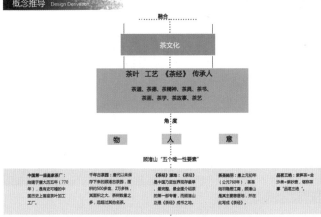

聚合

茶文化

茶叶　工艺　《茶经》传承人
茶道、茶德、茶精神、茶具、茶书、
茶画、茶学、茶故事、茶艺

角度

物　人　意

顾渚山"五个唯一性要素"

基于活态保护的茶文化乡村景观概念设计

## 文化地图 Cultural Map

### 物质文化遗产

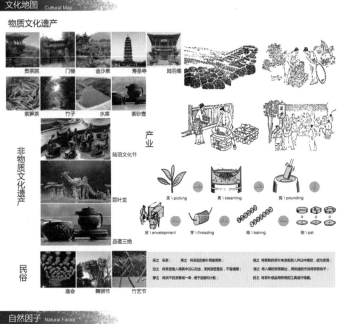

非物质文化遗产

产业

民俗

采\picking　熏\steaming　捣\pounding
封\envelopment　穿\threading　焙\baking　拍\pat

## 概念演绎 Concept Demonstration

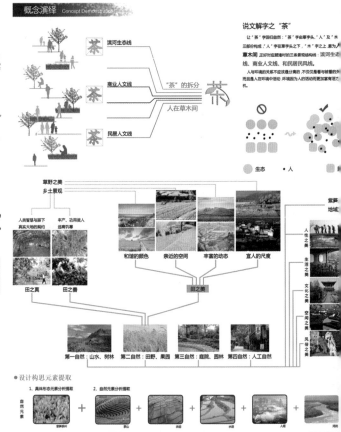

茶

滨河生态线

商业人文线

民居人文线

"茶"的拆分

人在草木间

茶

说文解字之"茶"

草野之美
乡土景观

田之真　田之善　田之美

第一自然：山水、树林　第二自然：田野、果园　第三自然：庭院、园林　第四自然：人工自然

●设计构思元素提取
1、具体形态元素分析提取　2、自然元素分析提取

## 自然因子 Natural Factor

人在山中

人在水中

人在茶中

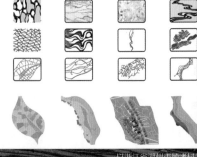

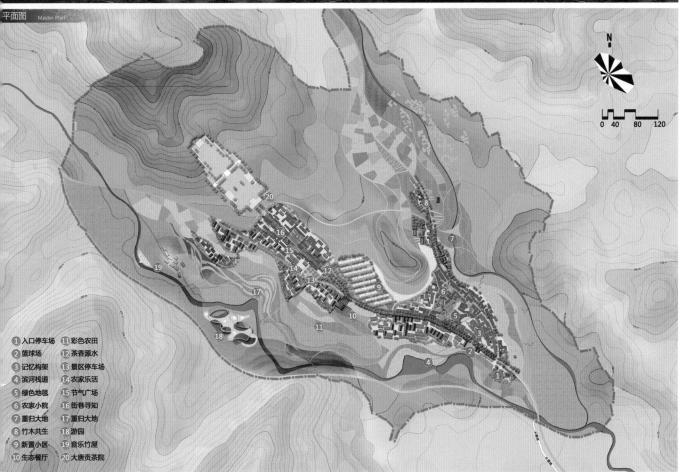

## 平面图 Master Plan

N

0 40 80 120

① 入口停车场　⑪ 彩色农田
② 篮球场　⑫ 茶香源水
③ 记忆构架　⑬ 景区停车场
④ 滨河栈道　⑭ 农家乐活
⑤ 绿色地毯　⑮ 节气广场
⑥ 农家小院　⑯ 街巷寻知
⑦ 重归大地　⑰ 重归大地
⑧ 竹木共生　⑱ 游园
⑨ 新置小区　⑲ 音乐竹屋
⑩ 生态餐厅　⑳ 大唐贡茶院

## 地肌理分析 Site texture

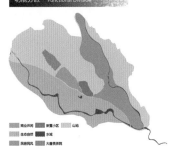

木材　本土植物　石材　竹材

伴随着我国城乡一体化建设、社会主义新农村建设、乡村风貌发生了翻天覆地的变化。然而在这个进程中，传统的乡土景观正在遭到前所未有的破坏，主要是因为大幅度的拆建导致乡村最原始的面貌被破坏。

同时大量运用城市景观材质，使得乡村农村缺少源滋原味。所以在设计之初，我们就考虑了乡村景观材质的因地适宜，就地取材。**大量运用乡村本土材质木材，竹材和石材等植物材料。**并保留茶田，田埂和水系山脉等柔和的线条。通过恢复乡村田园景观，始得整体乡村面貌露真山留真水。

### 功能分区 Functional Division

商业休闲　新置小区　山地
生态自然　水域
风貌民俗　大唐贡茶院

## 观结构分析 Landscape architecture

核心轴线分析

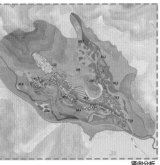

竖向分析

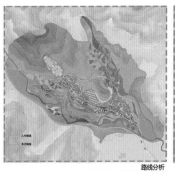

路线分析

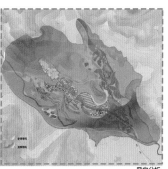

风向分析

# THE CONCEPT DESIGN OF RURAL LANDSCAPE WHICH BASES ON THE INTANGIBLE CULTURAL HERITAGE PROTECTION

## 基于非遗传承活态保护的乡村景观环境概念设计策略研究

## 鸟瞰图 Aerial View

## 功能分布图 Functional Profiles

人流量分析图
**IN A WEEK**

MONDAY　TUESDAY　WEDNESDAY　THURSDAY　FRIDAY　SATURDAY　SUNDAY

## 概念衍生图 Derivative Concept Beach

依托生态农田和茶田的场地资源 通过行走田间、游园体验的行为活动 体现立体综合的田园结构,全面打造听、行、种、采、识的茶文化的**动态的展示模式**.

依托街巷空间及农家乐聚集的现有场地环境 通过街、巷、庭等公共空间与茶产业的相互渗透 激活体验式景观序列结构 全面围绕街、廊、源、台、厅的多元格局进行**情景化再现**.

依托乡村人居环境及村庄文化主体精神,通过模糊空间界线 增设乐享式公共区域的手段 体现共享的建筑空间结构 全面打造巷、院、筑、田、竹的情感空间的开放体系.

## 概念分布图 Concept Maps

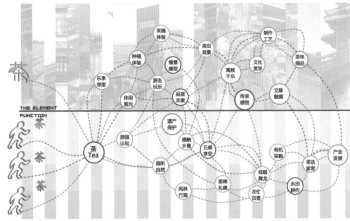

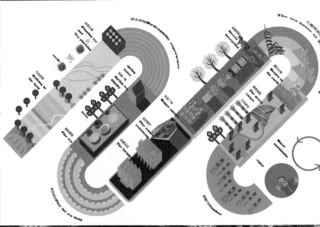

环境设计系　张盼盼 张佳佳 袁政　指导老师:杨小军

Huzhou City in Zhejiang Province with Guzhu Village as an Exam

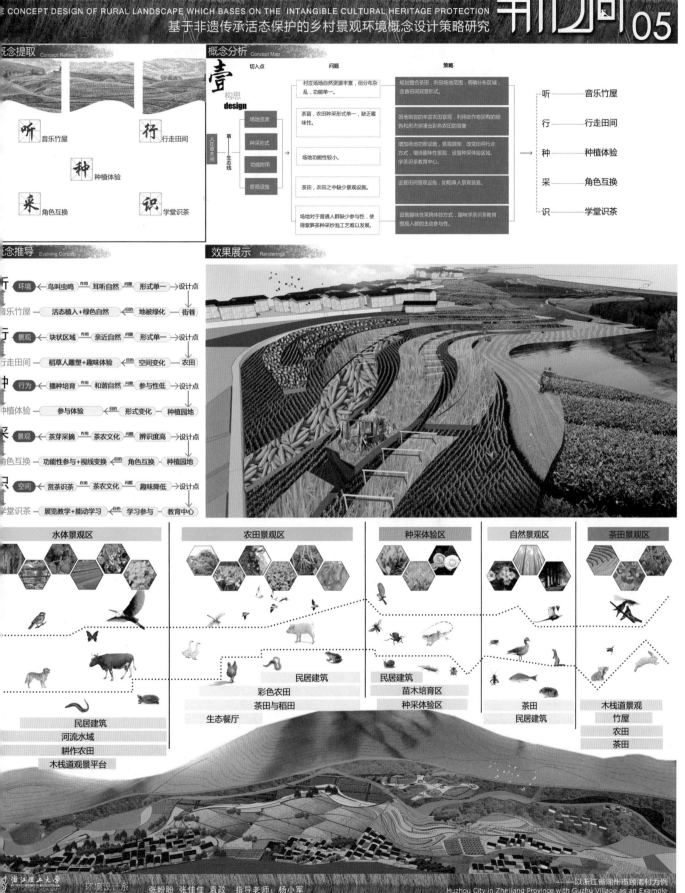

CONCEPT DESIGN OF RURAL LANDSCAPE WHICH BASES ON THE INTANGIBLE CULTURAL HERITAGE PROTECTION

基于非遗传承活态保护的乡村景观环境概念设计策略研究

05

## 概念提取 Concept Refining

听 音乐竹屋　　行 行走田间
种 种植体验
采 角色互换　　识 学堂识茶

## 概念分析 Concept Map

壹 构思 design

人在草木间　草・生态线
- 场地资源
- 种采形式
- 功能附用
- 景观设施

| 切入点 | 问题 | 策略 |
|---|---|---|
| | 村庄场地自然资源丰富，但分布杂乱，功能单一。 | 规划整合茶田，农田场地范围，明确分布区域，改善田间双层形式。 |
| | 茶苗，农田种采形式单一，缺乏趣味性。 | 因地制宜的丰富农田景观，利用农作物固有的颜色和形态拼承出彩色农田的景象。 |
| | 场地功能性较小。 | 增加场地功能设施，景观廊架，改变田间行走方式，增添趣味性景观，设置种采体验区域，学茶识茶教育中心。 |
| | 茶田，农田之中缺少景观设施。 | 设置田间景观设施，如稻草人景观装置。 |
| | 场地对于普通人群缺少参与性，使得索笋茶种采炒泡工艺难以发展。 | 设置趣味性采摘体验方式，趣味学茶识茶教育，提高人群的主动参与性。 |

听—音乐竹屋
行—行走田间
种—种植体验
采—角色互换
识—学堂识茶

## 概念推导 Evolving Concept

## 效果展示 Renderings

水体景观区　农田景观区　种采体验区　自然景观区　茶田景观区

民居建筑　河流水域　耕作农田　木栈道观景平台
彩色农田　茶田与稻田　生态餐厅
苗木培育区　种采体验区
茶田　民居建筑
木栈道景观　竹屋　农田　茶田

浙江理工大学　环境设计系　张盼盼 张佳佳 袁政　指导老师：杨小军　Huzhou City in Zhejiang Province with Guzhu Village as an Example

## 平面布局 Layout

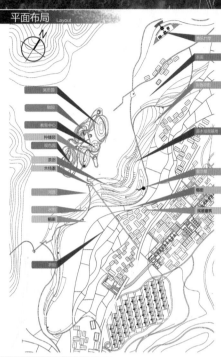

## 平面解析 Plane Analytic

音乐竹屋

种采体验
角色互换
学堂识茶

行走田间

A 教育中心 EDUCATION CENTRE

B 苗木培育基地 SEEDLING CULTIVATION BASE

苗木培育撒种　　　苗木培育发芽

苗木培育生长　　　苗木培育成形

C 音乐竹屋效果 MUSIC OF BAMBOO HOUSE

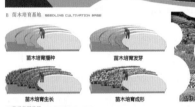

D 竹屋竖向分析 BAMBOO HOUSE ANALYSIS

顶部的钢丝网被风吹过时通过下面的空竹子发出悦耳的声音

顶棚有绿植

人可以拨动空竹管弹奏

人们可以在竹屋中做瑜伽，健身

人可以踩踏地板上的打着音乐节拍，唱歌跳舞

人们可以在竹屋中读书学习

竹屋在闲置是可以来堆放作物

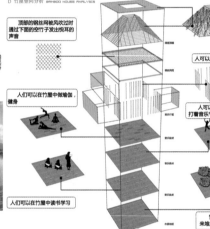

## 节点平面 The Node Analysis

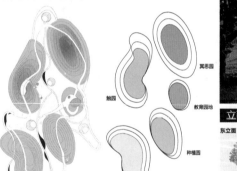

冥思园

教育园地

触园

种植园

观色园

## 立面展示 Facade Demonstrate

东立面

南立面

田中游园一共分五个部分：种植园、触园、观色园、冥思园以及教育中心。在种植园中，人们游憩田间时，可以进行植物认领，每个人每天消耗的物质能量释放二氧化碳。认领植物等同于抵消自己产生的负量，实现低碳。

在触园中，可以让人们通过对自然的亲密接触，释放人们来自工作的压力于生活习惯，激发人和自然潜在的和谐关系。理解自然，尊重自然。

同时，教育中心可以让人认识自然，在自然中寻找启示和规律，得到知识和方法，得到陶冶和激励。让更多的人把自然和室外活动结合在一起。

观色园是一个阳光、阴影、树木和水共同美妙的地方，宁静的沙沙声经过有意识的精选和布置，在小小的空间里享受大自然的恩惠。

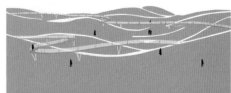

浙江理工大学　环境设计系　张盼盼 张佳佳 袁政　指导老师：杨小军

## 概念演变 Concept Map

### 概念提炼 Concept Refining

**街** 街巷寻知

**廊** 农家乐活

**源** 茶香渊水

**台** 节气广场

**厅** 生态餐厅

### 概念解析 Conceptual Analysis

**街** 街巷寻知
作用 — 交通 — 问题 — 尺度 — 大同小异 —→ 设计点
非遗传承+乡村街巷典型性 —→ 目的 茶文化融合 —→ 文化

**廊** 乐活 农家
作用 — 空间过渡 — 交流 — 穿行 — 问题 — 尺度 — 缺失 —→ 设计点
交流 休闲 — 目的 — 穿梭 — 空间
提升经济收入 — 目的 协作经营 商住同用 — 经营模式 — 产业

**源** 茶香渊水
作用 — 景观融合 — 问题 — 缺失 — 尺度 — 设计 —→ 设计点
排水 景观绿化功能 — 目的 — 功能+美感

**台** 节气广场
作用 — 人流集散 — 交流 — 娱乐 — 问题 — 功能性低 — 缺失 —→ 设计点
认同感 — 生活化式传播文化 — 生活习惯表现 — 生活

**厅** 生态餐厅
作用 — 餐饮需求 — 问题 — 千篇一律 — 没有特色 —→ 设计点
满足需求 — 目的 乡村优势 — 乡村特色 — 生活

### 布局推导 Derivation Layout

**平面演变 Evolution Plane**

原有肌理 / 整合后肌理
新建筑延续原有肌理，加以整合，适合不同功能类型

平台 / 住宅 / 廊道 / 公共空间

**细胞结构 Cell Structure**

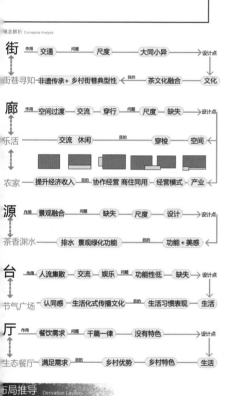

## 构思 design

### 立面形式 The Facade Form

服务段 / 商业段 / 办公段

### 立面设计 Facade Design

通过连廊的设计，扩大街巷的视觉层面。提供多样的行为活动和功能属性。丰富乡村村民及游客的活动范围，丰富景观层次。

### 产业模式 Industrial Model

**原住民产权+投资者使用权=持续发展**
Aboriginal property+Investor usage rights=Sustained development

独立产权—商+住=衰败
Independent property—Commerce +Habitancy=Decline

顾渚村—农家乐—协商 促进产业经济发展

协作产权—商+住=繁荣
Cooperative property—Commerce +Habitancy=Prosperity

传统的农家乐商业模式，大多是个人分配。房屋是商住混合模式、在这种情况下，私人使用就会产生不必要的竞争，一方面是经济竞争，另一方面也缺失对本土乡村街巷模式旧建筑的保护。

在原住民拥有自己房屋产权的前提下，通过合同或者合作模式，合作协商。经济连锁，服务连锁，把不良竞争变换成优势。相对周围乡村拥有更完善的经济链。同时，生活模式也得到了更新。

建立农村合作 / 产业结构调整·竹子 / 产业结构调整·竹笋 / 政府扶持 / 市场营销策略

年收入 86000元 / 户

自产自销·茶

市场营销策略，树立品牌 / 产业链

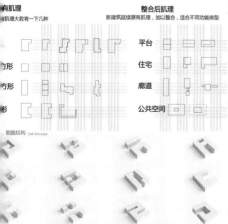

环境设计系 张盼盼 张佳佳 袁政 指导老师：杨小军

——以浙江省湖州市顾渚村为例
Huzhou City in Zhejiang Province with Guzhu Village as an Example

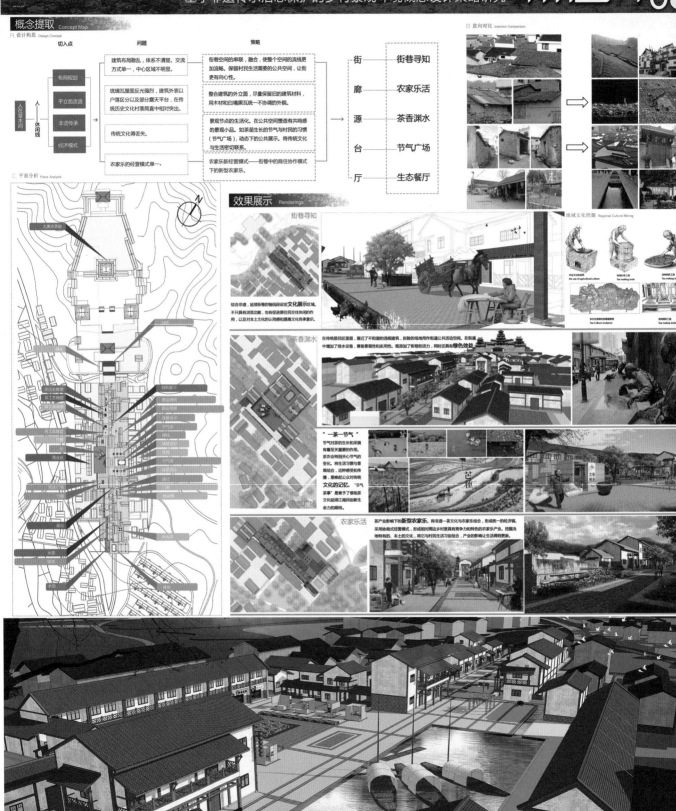

# THE CONCEPT DESIGN OF RURAL LANDSCAPE WHICH BASES ON THE INTANGIBLE CULTURAL HERITAGE PROTECTION
## 基于非遗传承活态保护的乡村景观环境概念设计策略研究

## 概念提取 Concept Map

### B. 设计构思 Design Concept

| 切入点 | 问题 | 策略 |
|---|---|---|

人在草木间

布局规划
平立面改造
非遗传承
经济模式

休闲线

建筑布局散乱，体系不清楚。交流方式单一，中心区域不明显。

琉璃瓦屋面反光强烈，建筑外表以户落区分以及部分露天平台，在传统历史文化村落简直中相对突出。

传统文化得丢失。

农家乐的经营模式单一。

街巷空间的串联、融合，使整个空间的流线更加流畅。保留村民生活需要的公共空间，让街更有向心性。

整合建筑的外立面，尽量保留旧的建筑材料，用木材和白墙黑瓦统一不协调的外貌。

景观节点的生活化。在公共空间塑造有共鸣感的景观小品。如茶生长的节气与村民的习惯（节气广场），动态下的公共展示。将传统文化与生活密切联系。

农家乐新经营模式——街巷中的商住协作模式下的新型农家乐。

街 — 街巷寻知
廊 — 农家乐活
源 — 茶香渊水
台 — 节气广场
厅 — 生态餐厅

### B. 意向对比 Intention Comparison

## C. 平面分析 Plane Analysis

## 效果展示 Renderings

### 街巷寻知
结合非遗，延续街巷的轴线段设定文化展示区域，不只具有流览功能，也有提供居住民交往休闲的作用，以及对本土文化的认同感和提高文化传承意识。

### 地域文化挖掘 Regional Culture Mining

### 茶香渊水
在传统居民区里面，增订了不和谐的违规建筑，拆除的场地地用作街道公共活动空间。在街道中增加了排水设备，兼备景观性和实用性。既添加了街巷的活力，同时还具有绿色效益。

### "一茶一节气"
节气对茶的生长和采摘有着至关重要的作用。茶农会特别关心节气的变化，将生活习惯与景观结合，这种感受和传播，是唤起公众对传统文化的记忆。"节气茶事"是希望了借助茶文化延续江南民俗新生命力的期待。

### 农家乐活
茶产业影响下的新型农家乐。将非遗一茶文化与农家乐结合，形成统一的经济镇。采用协商式经营模式，形成相对周边更具有竞争力和特色的农家乐产业。挖掘当地特有的、本土的文化，将它与村民生活习惯结合，产业的影响让生活得到眼更美。

浙江理工大学
ART DESIGN ACADEMY
艺术与设计学院

环境设计系

张盼盼 张佳佳 袁政 指导老师：杨小军

——以浙江省湖州市顾渚村
Huzhou City in Zhejiang Province with Guzhu Village as an Exam

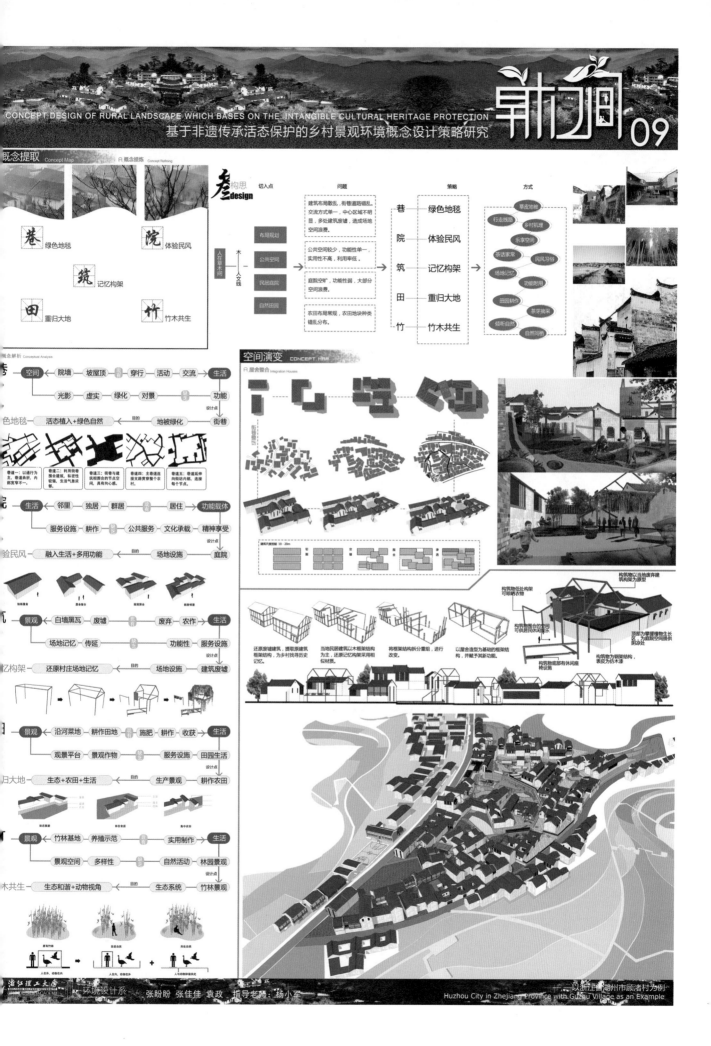

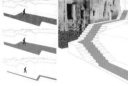

# THE CONCEPT DESIGN OF RURAL LANDSCAPE WHICH BASES ON THE INTANGIBLE CULTURAL HERITAGE PROTECTION
## 基于非遗传承活态保护的乡村景观环境概念设计策略研究

## 平面节点 Concept Map

## 节点分析 Nodal Analysis

不同的环境空间，肌理材质都可以对人产生不同的影响。农村是一个自然生态系统较城市更丰富的地区，更需要一种与自然对话的景观环境。

村庄的主巷道设置为一条"红地毯"，这是一条绿色草皮小径，一条连接村子与居民间的小径，这是以艺术和草皮的方式介入人与自然的交流，一路铺就过去的绿色草皮有如红地毯，带动村庄连接另一边的自然区域。

当人们走在这绿绿皮小径上时，会不自觉的对草皮延伸方向的未知的地方产生好奇，同时为走在路上的人增添了趣味性，为村庄添上了一丝活力，绿色寓意着希望，好像象征着村庄活力的发展。

**绿色地毯**

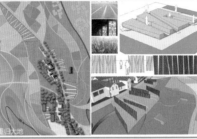

农田是村庄不可缺少、赖以生存的一部分，置以大地画是将农村田在形式上做了改变，将农田引入民居的宅前屋后，形成田在院前，田在舍后的一个乡村景观环境。

同时在稻田布局形式提取于水田的形式，在稻田中间布置有木屋、棚架的中心为钢丝网格，使其既不妨碍晒田受光，又可以在田间形成有趣的投影，添加了乡野趣味，为农民在田间辛苦劳作之时始予些许放松的感觉。

**重归大地**

为了让村庄的自然生态系统博到更平衡的和谐，在民居与农田之间的竹林示范基地设置了木屋构筑，每一个木屋都是小型的半封闭空间体系，半边为玻璃顶面，半边稳固，可以人独自享受这个空间，也可以与朋友在这里共享这个环境，这样的空间让人可以在此停留，置身于自然的竹林之中，耳听自然，眼观世界，里加可以刺激人们对于自然的感知和懵懂记忆，试图让人们将自身所处与原始环境联系起来，在木屋中沉浸自然，引发人们对于自然的更多的思考。

木屋中的各种昆虫、竹木、鸟类，使其他的各种生物都有一个属于自己自然生存的环境。当人走入竹林，走进竹林时，可以吗昆虫、鸟类等与他相处，以动物的视角去观察这个环境，放松自己，沉浸于自然的美妙。

**竹木共生**

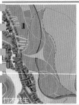

## 竖向分析 Vertical Analysis

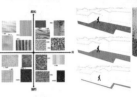

建筑布局

水系

农田绿地

廊架

道路

## 立面分析 Analysis of The Facade

行走在乡间 | 感受民风民俗 | 在农家细品茶味茶风 | 感受农耕生活 | 在农田中的观景平台 | 享受竹林 | 竹林中的木屋 | 与林中的昆虫鸟类共栖自然 | 在自然中心灵

铺装

民居建筑 空间

植物

农作物

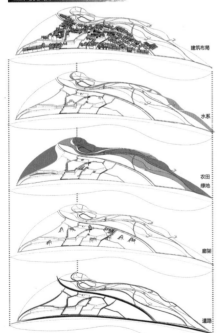

浙江理工大学　环境设计系　张盼盼　张佳佳　袁政　指导老师：杨小军

Huzhou City in Zhejiang Province with Guzhu Village as an Exam

# 案例 3：破壳行动：苏州东山镇碧螺村儿童主题乐园概念设计

● 设计：袁政、叶湄、李宇、陈昕昊、刘晟崇，指导老师：杨小军

# 01基地分析

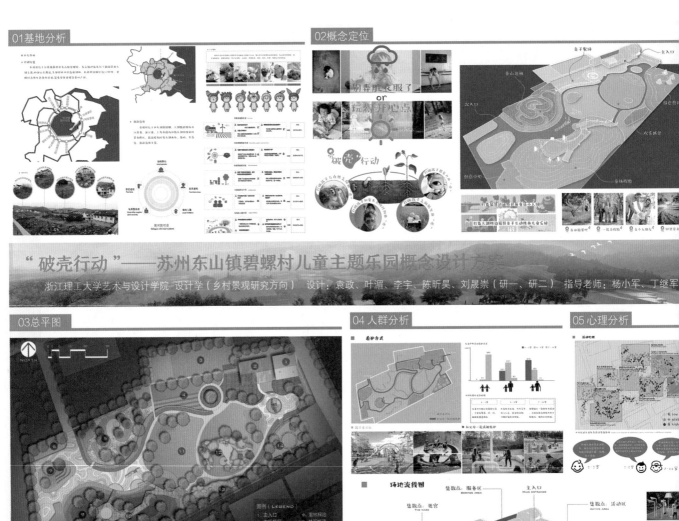

# 02概念定位

"破壳"行动

# "破壳行动"——苏州东山镇碧螺村儿童主题乐园概念设计方案

浙江理工大学艺术与设计学院 设计学（乡村景观研究方向） 设计：袁政、叶湄、李宇、陈昕昊、刘晟崇（研一、研二） 指导老师：杨小军、丁继军

# 03总平图

## 图例 (LEGEND)

# 04人群分析

# 05心理分析

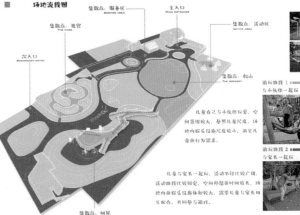

# 案例 4：一室生"椿"：上海大华锦绣健康养老空间设计

● 设计：徐佳影、陈籁心、倪楠，指导老师：杨小军

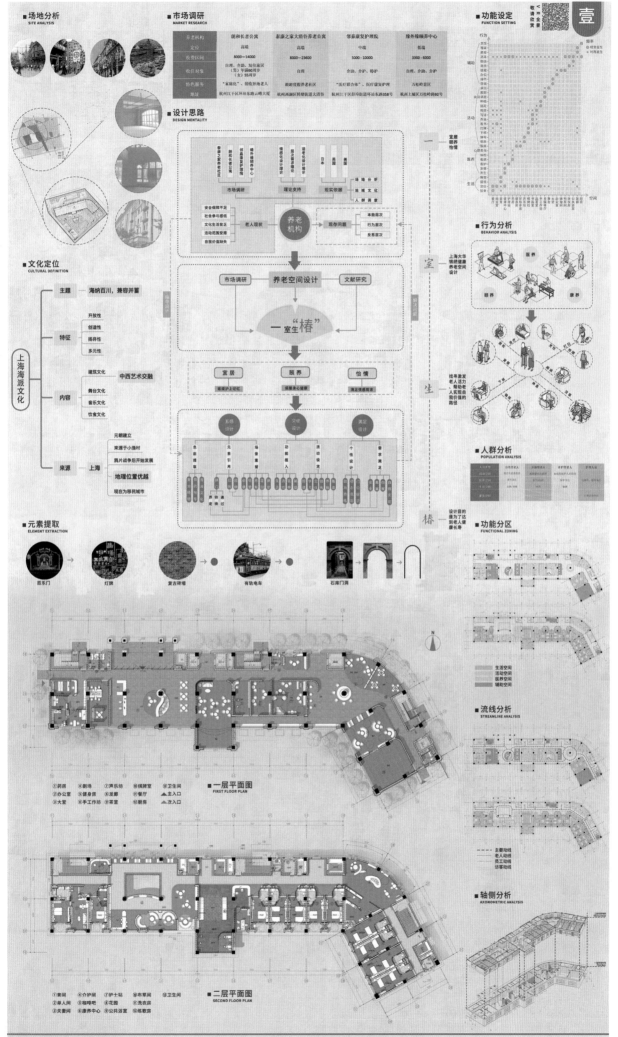

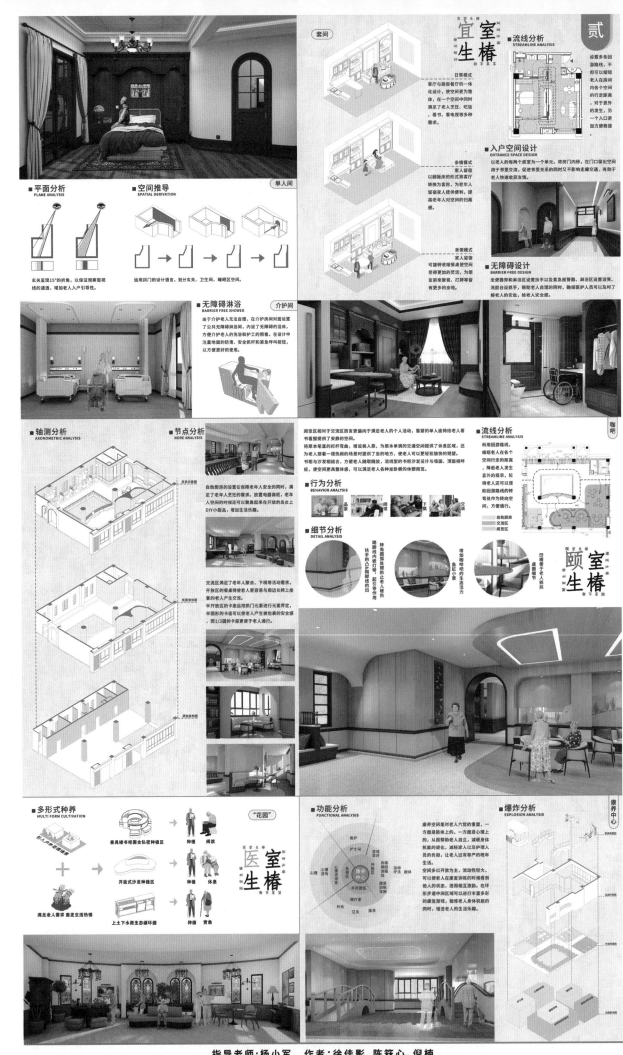

# 室椿

## 套间

### ■ 流线分析
STREAMLINE ANALYSIS

设置多条回游路线，不但可以缩短老人在房间内各个空间的行走距离，对于意外的发生，另一个入口更加方便救援。

日常模式
客厅与厨房餐厅的一体化设计，使空间更为整体，在一个空间中同时满足了老人烹饪、吃饭、看书、看电视等多种需求。

亲情模式 家人留宿
以翻板床的形式将客厅转换客房，为老年人留宿的家人提供便利，提高老年人对空间的归属感。

亲情模式 家人留宿
可旋转收缩餐桌使空间变得更加的灵活，为朋友来聚、搓牌、打牌等留有更多的余地。

### ■ 入户空间设计
ENTRANCE SPACE DESIGN

以老人的每两个居室为一个单元，将房门内移，在门口留出空间用于邻里交流，促进邻里关系的同时又不影响走廊交通，有助于老年人快速地获友情。

### ■ 无障碍设计
BARRIER FREE DESIGN

坐便器旁和淋浴区设置扶手以及紧急报警器、淋浴区设置浴凳、洗脸台设扶手，帮助老人自理的同时，确保医护人员可以及时了解老人的安危，给老人安全感。

**单人间**

## ■ 平面分析
PLANE ANALYSIS

玄关呈现15°的折角，以保证观察视线的通透，增加老人入户引导性。

## ■ 空间推导
SPATIAL DERIVATION

运用拱门的设计语言，划分客厅、卫生间、睡眠区空间。

**介护间**

### ■ 无障碍淋浴
BARRIER FREE SHOWER

由于介护老人无法自理，在介护房间对面设置了公共无障碍淋浴间，内设了无障碍的浴床，方便介护老人的洗浴和护工的照看。在设计中注重地面的防滑，安全抓杆和紧急呼叫按钮，以方便更好的使用。

## ■ 轴测分析
AXONOMETRIC ANALYSIS

## ■ 节点分析
NODE ANALYSIS

自动厨房的设置在保障老年人安全的同时，满足了老人烹饪的需求。放置电器高柜，在老年人空闲的时候还可以聚集起来在开放的岛台上DIY小甜品，增加生活乐趣。

交流区满足了老年人聚会、下棋等活动需求。开放区的餐桌椅使老人更容易与周边会长桌上坐着的老人产生交流。半开放区的卡座运用拱门元素进行元素界定，半圆形卡座可以使人产生被包裹的安全感，而1/3圆的卡座更便于老人通行。

**咖吧**

阅览区相对于交流区而言更偏向于满足老人的个人活动，靠窗的单人座椅给老人看书看报提供了安静的空间。

将原本垂直的栏杆弯曲，增设美人靠，为原本单调的交通空间提供了休息区域，还为老人想看一楼热闹的场景时提供了停留的地方，使老人可以更轻松愉快的观望。书柜与沙发相结合，方便老人随数随放，流线型的书柜沙发设计与墙面、顶面相应，使空间更具整体感，可以满足老人各种坐卧躺的休憩阅览。

### ■ 流线分析
STREAMLINE ANALYSIS

利用回游路线，缩短老人各个空间行走距离，降低老人发生意外的概率。轮椅老人还可以借助回游路线的转弯处作为转向空间，方便通行。

### ■ 行为分析
BEHAVIOR ANALYSIS

品茶　阅读　下棋　交谈

### ■ 细节分析
DETAIL ANALYSIS

转角圆弧处理防止老人碰伤
踢脚线内凹约15cm，扶手的凸面与踢脚线对应起引导作用的凹

增加墙壁凹槽作为生态活力 鱼缸小景

凹墙便于老人抓扶 桌面细节

# 颐室椿

# 医室椿

## ■ 多形式种养
MULTI FORM CULTIVATION

引入户外种植绿意

家具矮书柜围合私密种植区　种植 阅读

开放式沙发种植区　种植 休息

上土下水微生态循环圈　种植 赏鱼

满足老人需求 激发生活热情

**"花园"**

## ■ 功能分析
FUNCTIONAL ANALYSIS

康养空间要对老人六觉的重塑，一方面是肢体上的，一方面是心理上的，从而帮助老人自立，减缓身体机能的退化，减轻家人以及护理人员的负担，让老人过有尊严的晚年生活。

空间多以开放为主，流动性较大，可以使老人在康复训练的时候看到他人的状态，因而相互激励。在环形步道中穿过区域可以进行丰富多彩的康复游戏，锻炼老人身体机能的同时，增进老人的生活乐趣。

（功能图文字）看护　护工站　游客　晶茶　心理回游路线　物理回游路线　运动　理疗　按摩　心理　心理浴疗　康养中心　半开放区　运动理疗室　踏步　针灸　艾灸　推拿

## ■ 爆炸分析
EXPLOSION ANALYSIS

**康养中心**

指导老师：杨小军　　作者：徐佳影、陈箖心、倪楠

# 案例 5：湖州市德清县下塘村公共空间景观设计

● 设计：邵增力、马晓婷，指导老师：杨小军

## 概念生成

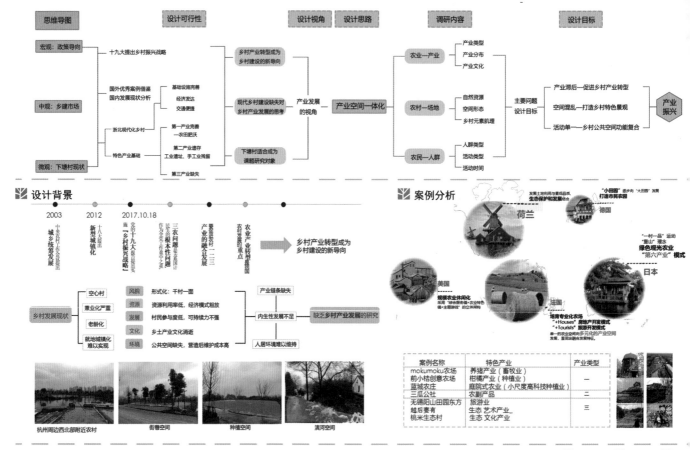

思维导图｜设计可行性｜设计视角｜设计思路｜调研内容｜设计目标

## 设计背景

2003　2012　2017.10.18

乡村产业转型成为乡村建设的新导向

杭州周边西北部附近农村｜街巷空间｜种植空间｜滨河空间

## 案例分析

荷兰　德国　美国　法国　日本

| 案例名称 | 特色产业 | 产业类型 |
|---|---|---|
| mokumoku农场 | 养猪产业(畜牧业) | |
| 前小桔创意农场 | 柑橘产业(种植业) | |
| 蓝城农庄 | 庭院式农业(小尺度高科技种植业) | |
| 三瓜公社 | 农副产品 | 三 |
| 无锡阳山田园东方 | 旅游业 | |
| 越后妻有 | 生态艺术产业 | |
| 桃米生态村 | 生态文化产业 | 三 |

## 人群分析

村民就业情况｜村民年龄层次｜村民对公共空间满意度

村民就业情况｜村民居住情况｜村民活动地点

## 行为分析

| | 8:00am | 9:00am | 10:00am | 12:00pm | 16:00pm | 19:00pm | 活动特点 | 心理特点 |
|---|---|---|---|---|---|---|---|---|
| 儿童 | | | | | | | 个体 | 新奇 依赖性 稳定 缺乏安全感 |
| 青年 | | | | | | | 个体 组 约 | 稳定 安静 私密 |
| 老人 | | | | | | | 成组 约 | 安全感 归属感 与周围人交往 |
| 游客 | | | | | | | 个体 成组 | 突鲜 稳定 休息 |
| 创客 | | | | | | | 个体 成组 | 稳定 私密 休息 |

## 产业分布

养殖业　种植业　手工业

## 产业资源分析

| 产业类别 | | 产业优势 | 产业定位 | 产业缺失 | 相关措施 | 功能设定 | 节点推演 |
|---|---|---|---|---|---|---|---|
| 农业区 | | 自然资源丰富<br>农耕手艺传承<br>农事活动丰富 | 农业体验 | ①业态单一<br>②采摘形式单一,缺乏趣味性<br>③缺乏景观设施 | ①农业升级<br>②丰富采摘形式<br>③增加景观设施 | ①旅游观光<br>②农耕体验<br>③生活生产 | 田野活动｜乡村公园—乡野之间｜观景空间—野趣横生 |
| 居住区 | | 空房资源多<br>环境清幽<br>基地设施完善<br>乡村老人结伴 | 养老服务 | ①传统文化缺失<br>②公共空间单一<br>③庭院空旷,功能性不足 | ①配合产业文化,丰富空间形态<br>②增加景观设施<br>③空间整合,功能重组 | ①民俗展示<br>②养老住宿<br>③休憩活动 | 民俗博物馆—草堂书社｜庭院空间—庭院生生｜老幼公园—老少成集 |
| 工业区 | | 工业特色<br>地租低廉<br>场地开阔<br>交通便捷 | 乡村文创 | ①无保留拆除,利用率低<br>②废弃不美观<br>③产业文化遗失 | ①保留场地,置换产业<br>②工业场地运用<br>③重塑产业文化,打造特色业态 | ①工业展示<br>②休闲旅游<br>③生活生产 | 体验工坊｜工业花园｜创意广场 |
| 服务区 | | 村委原址<br>入村口处<br>场地开阔<br>通达信息 | 商业服务 | ①空间开阔,利用率低<br>②党政形象不突出<br>③入口通达性不强 | ①植入商业<br>②融入红色文化<br>③开阔空间,设立游客接待中心 | ①交易流通<br>②行政办公<br>③接待服务 | 流动市场｜红色广场｜茶馆驿站 |

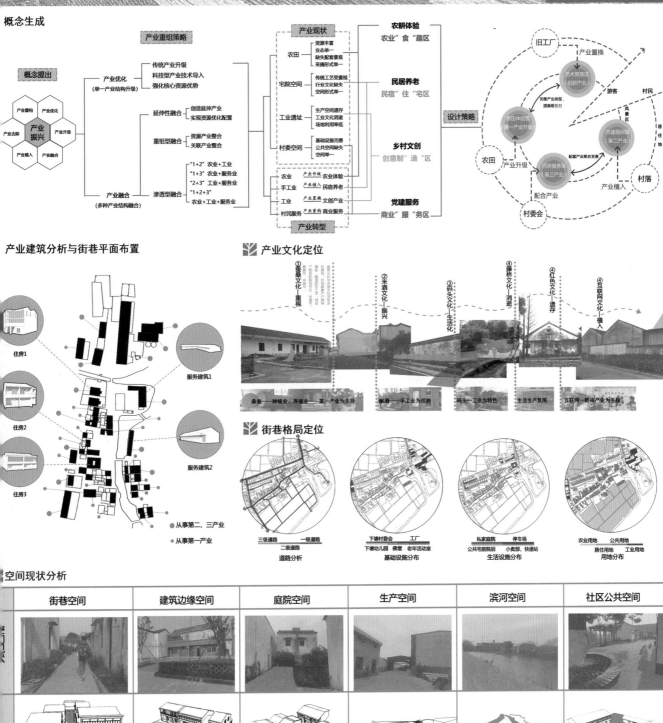

## 概念生成

## 产业建筑分析与街巷平面布置

## 产业文化定位

## 街巷格局定位

## 空间现状分析

| 街巷空间 | 建筑边缘空间 | 庭院空间 | 生产空间 | 滨河空间 | 社区公共空间 |
|---|---|---|---|---|---|

## 🏷 基地分析

交通分析

建筑分析

水体分析

空间分析

景观节点分析

视线分析

## 🏷 区位条件

**德清县交通/Deqin Traffic**
德清县为浙江省湖州市辖，位于长江三角洲杭嘉湖平原西部。东望上海，南接杭州，北连环太湖经济圈，西枕天目山麓。

**钟管镇交通/Zhongguan Traffic**
钟管镇地处杭嘉湖平原腹地，位于德清县东北部。东临320国道，京杭大运河，西近104国道富统线，临近及正新德的杭宁高速公路，北近314国道。

**下塘村交通/Xiatang Traffic**
地处钟管集镇西侧，东邻东舍钱村，南接千山村，西面靠余镇，北与戈亭村和曲溪村交界，村委驻地与镇政府所在地相距 8公里。

**下塘村选地/Xiatang Site Selection**
下塘占地3.5平方公里，拥有水田2400亩，鱼地765亩，鱼塘100亩。设计打造成位于村费附近人流较为密集区域，共占地126亩。

## 🏷 总平面图

| | | | |
|---|---|---|---|
| ① 村口广场 | ⑪ 宁屋 | ㉑ 大棚采摘 | |
| ② 游客接待中心 | ⑫ 创景·幼儿园 | ㉒ 有机食堂 | |
| ③ 党建广场 | ⑬ 咸集园 | ㉓ 田间书屋 | |
| ④ 流动市场 | ⑭ 产住民宿 | ㉔ 花海漫步 | |
| ⑤ 村委会 | ⑮ 集散广场 | ㉕ 河岸码头 | |
| ⑥ 工业花园 | ⑯ 老年活动中心 | ㉖ 休憩平台 | |
| ⑦ 体验工坊 | ⑰ 乡野公园 | ㉗ 眺望岛 | |
| ⑧ 创意广场 | ⑱ 荷塘月色 | | |
| ⑨ 渔歌码头 | ⑲ 众筹农田 | | |
| ⑩ 草堂书社 | ⑳ 生态林区 | | |

0 5 10 30　60　120m

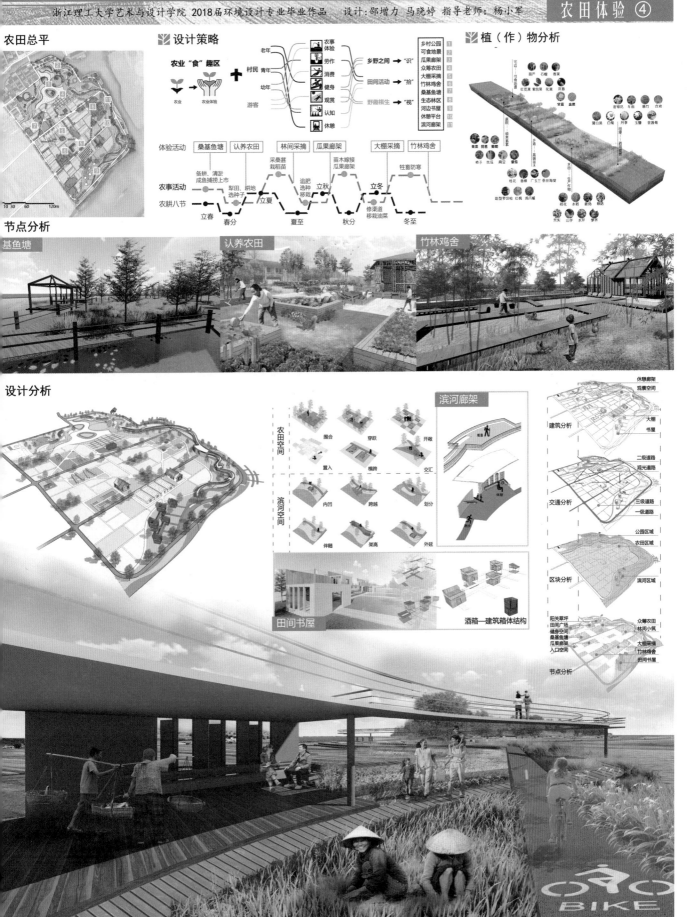

农田总平

设计策略

植(作)物分析

节点分析

基鱼塘　认养农田　竹林鸡舍

设计分析

滨河廊架

农田空间

滨河空间

田间书屋

酒箱—建筑箱体结构

建筑分析

交通分析

区块分析

节点分析

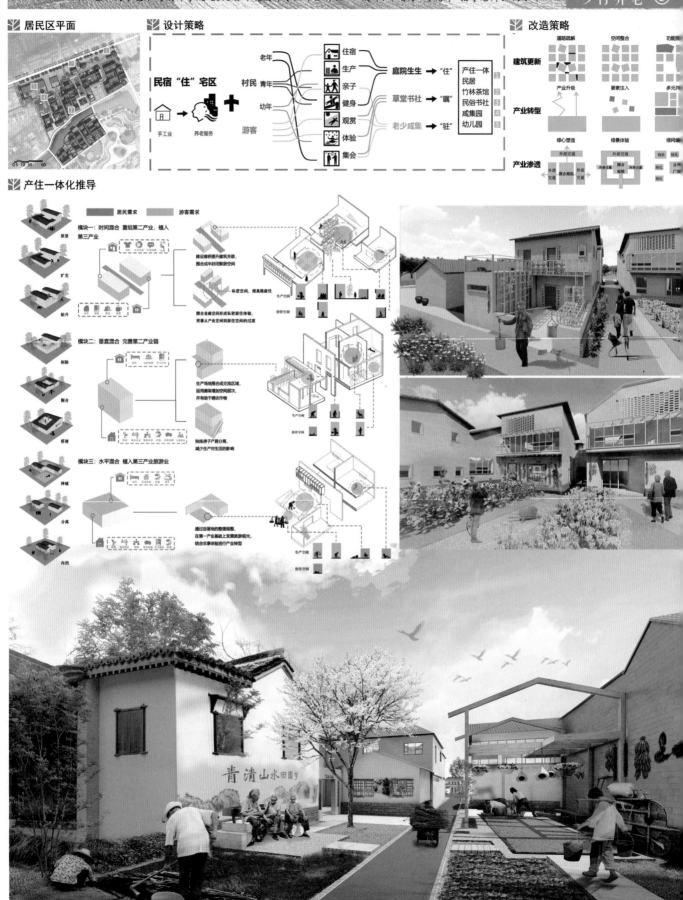

## 居民区平面

## 设计策略

## 改造策略

## 产住一体化推导

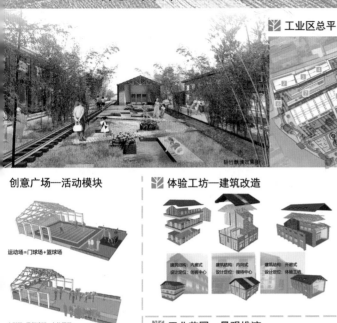

新竹飘摆效果图

## 工业区总平

## 设计策略

创意制"造"区

## 元素推演

平面
立面

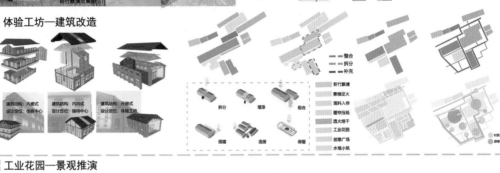

## 创意广场—活动模块

运动场=门球场+篮球场

小剧场=歌舞表演+文化展示

竞技场=才艺比拼+集市买卖

晾晒场=晒谷子+晾衣服

大会场=文化礼堂+群众集会

## 体验工坊—建筑改造

建筑结构:内院式
设计定位:创客中心

建筑结构:内向式
设计定位:接待中心

建筑结构:开敞式
设计定位:体验工坊

整合
拆分
补充

拆分　增添　组合

搭建　连接　保留

斩竹飘塘
煮榇足火
荡料入帘
覆帘压纸
透火焙干
工业花园
创意广场
水塔小筑

村民
游客

## 工业花园—景观推演

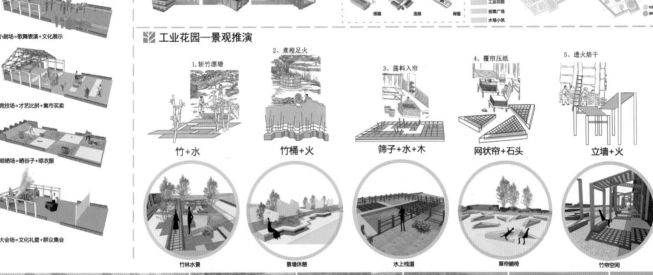

1、斩竹漂塘
竹+水
竹林水景

2、煮榇足火
竹桶+火
景墙休憩

3、荡料入帘
筛子+水+木
水上栈道

4、覆帘压纸
网状帘+石头
草帘鹅椅

5、透火焙干
立墙+火
竹帘空间

文创:让乡村更美好!

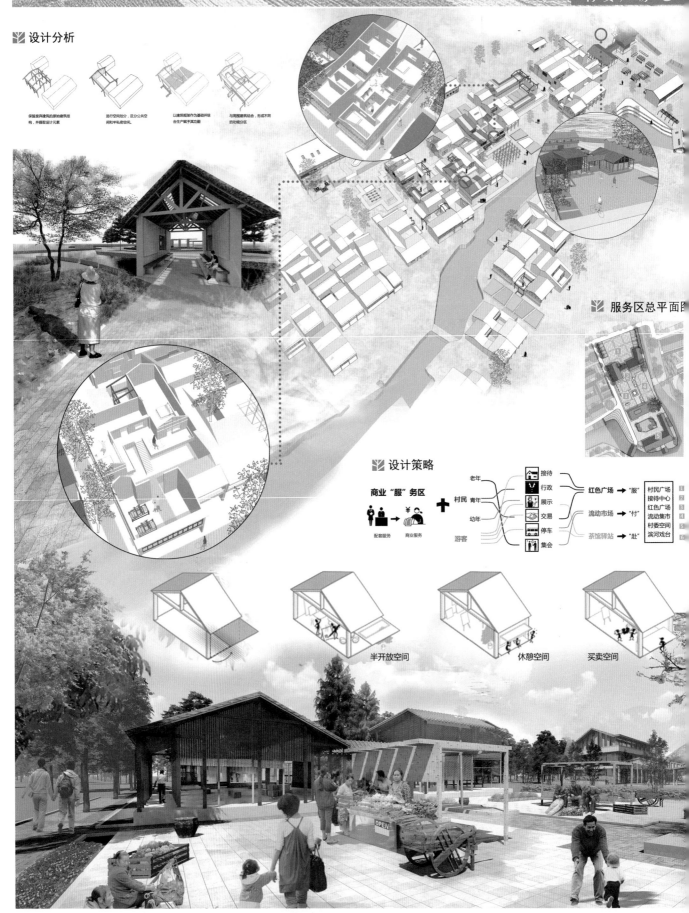

## 设计分析

保留原有建筑的原始建筑结构，并提取设计元素

进行空间划分，区分公共空间和半私密空间

以建筑框架作为基础并结合生产融予其功能

与周围建筑结合，形成不同的功能分区

## 服务区总平面图

## 设计策略

商业"服"务区 + 配套服务 商业服务

老年　村民　青年　幼年　游客

接待　行政　展示　交易　停车　集会

红色广场 → "服"
流动市场 → "付"
茶馆驿站 → "赴"

村民广场
接待中心
红色广场
流动集市
村委空间
滨河戏台

半开放空间　　　休憩空间　　　买卖空间

## 案例 6：杭州上沙社区老年活动中心互动式室内概念设计

● 设计：徐淑华、张玉灿，指导老师：杨小军

# 杭州上沙社区老年活动中心
# 互动式室内概念设计

## 背景分析

### 当你老了，头发白了，又应如何度过余生？？？

积极老龄化 → 三大支柱：健康、参与、保障

老年人是社会的主题，应以积极的生命态度投入生活，更加注重自我养老和自我实现，既要有"老吾老以及人之老"的宽广博爱，也要有"未雨绸缪"的预先准备，为自己的老年生活做好物质和精神的储备。

### 人口老龄化分析

■ 60岁以上比例　■ 65岁以上比例　■ 80岁以上比例

2010年
2020年
2030年
2040年

0%　10%　20%　30%　百分比

**中国60岁及以上人口占比趋势图**

### 城镇化分析

2010年
2015年
2020年
2025年

0%　25%　50%　75%　百分比

**中国城市镇占比趋势图**

乡村搬进城市　　城中村改造

搬进高层　　人群聚集

人口老龄化是世界上许多国家正在面临或即将面临的一个突出的社会问题。全世界老年人口超过1亿的国家只有中国。2亿老年人口数几乎相当于印尼的总人口数，已超过了巴西、俄罗斯、日本等人口大国的人口数。如果作为一个国家的总人口数，也能排世界第四位。随着城市化的快速发展，城中村的比重越来越高，而在老龄化和乡村过疏化的今天，世界卫生组织提出职能老龄化的口号。老人搬迁至高层，邻里之间没法沟通。在中国城市化进程中，老年人一般只停留在吃饱穿暖的水平，精神赡养和娱乐方面供养缺乏完善体制。

## 现有养老模式

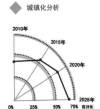

**9073养老格局**

- 90% 居家养老：以家庭为核心，以社会为依托，以专业化服务为依靠，为住在家中的老年人提供以解决日常生活困难。
- 7% 社区养老：以家庭为基础，社区机构养老为支撑，在为居家养老人群服务为方面，又以上门服务为辅、托养服务为辅的机构。
- 3% 机构养老：为老人提供饮食起居、清洁卫生、生活护理、健康护理和体育休闲综合性服务的机构。

### 家庭结构现状

所谓"421家庭"，即四个老人、一对夫妻、一个孩子。随着第一代独生子女大多已进入婚育年龄，这种家庭模式开始呈现出生递倾向。

隔代难教育　　养老找寻难
中间难难压　　是否进养老院
空巢家庭多　　生活习惯相悖

引发问题：
1.
2. +
4.

老人逐渐脱离社会，更注重老年人精神生活和社会参与，提高老人的生活质量和生命质量，鼓励老人积极参加各项活动，增强自我认知提高生活满意度。

## 老年人特征研究

### 生理分析

- 大脑：脑细胞减少，失眠，记忆力衰退
- 心脏：功能衰竭易疲劳，气血不足
- 肝：肝功能下降，排毒缓慢
- 骨头：骨质疏松，容易骨折，行动能力下降
- 肺部：肺活量下降，呼吸越来越重

视觉 → 视觉钝化 → 光色 → 光（自然采光、灯光）、色（家具、墙地面、植物）

听觉 → 听力下降 → 感知 → 人声（影视、交流）、自然声（风声、鸟声）

触觉 → 触觉下降 → 指导 → 手（触摸、拱压）、脚（行走、踏踏）

行动 → 反应迟缓 → 心理（控制情绪、暴躁）、生理（协调、无障碍）

根据老年人的生理特征设计室内无障碍设施和室内节点，充分考虑到老人的行为方式和尺度。

### 心理分析

马斯洛需求层次理论：
- 自我实现需要 → 提升感 → 竞技的环境
- 尊重需要 → 支配感 → 平等的环境
- 社交需要 → 孤独感 → 社交的环境
- 安全需要 → 危机感 → 安定的环境
- 生理需要 → 力不从心 → 无障碍的环境

## 基地分析

设主、新市、郊大、小

### 上沙社区周边环境

1. 城市形态：城中村原著人民居多 → 老龄化加剧 → 有休闲娱乐活动需求
2. 政治背景：最近经济技术开发区委员会 → 有政府支持
3. 资源多样：靠近大学城、幼儿园 → 提供不同年龄层人群互动资源
4. 交通便利：邻地铁一号线地铁站 → 提供完善的设备

杭州上沙社区为了让老人们得到更好的娱乐和休息环境，享更好的服务，减少老人忌虑感。2014年6月对老年活动中心进行级。但经过调查，活动中心缺乏善体制。

### 基地现状

- 空间规划不合理 → 空间利用率低
- 功能布局混乱 → 区域划分不明确，功能混杂
- 环境质量不高 → 美观度低，没有装饰性，色彩和地面铺装单
- 人性化设计不完善 → 没有根据老年人的特征、需求安排空间尺度关系和无障碍设施
- 活动设施单调 → 单一的活动设施和方式无法满足老年人的丰富多彩的心理需求，没有趣味

## 人群分析

### 1. 人口基数
社区常住人口1588人；社区新杭州人8549人。
老年人口多，占比30%

### 2. 老人家庭状态与差异
同住型、邻居型、分离型
各年龄层居都以邻居型和分离型较多。

### 3. 老人活动类型与差异
日常活动、娱乐活动、职业活动、居家活动
低龄和中龄老人以娱乐活动和日常活动居多。高龄老人以居家活动较多。

### 4. 老人行为与能力差异
精神状况、身体状况、社会参与
年龄越高，身体各方面社会参与能力越低。

### 5. 老人的年龄与休闲活动的参与度分析

160
140
120
100
80
60
40
20

60~65岁　66~70岁　71~75岁　76~80岁　80岁以上

■ 体育健身类　■ 社交娱乐类　■ 大众体育类　■ 修心养性类　■ 观光旅游类　■ 其他类

无论在哪个年龄段，社交娱乐类的参与人数都是最多的。充分明，各年龄层老人都是倾向于可以与人交流的休闲方式。

## 概念来源

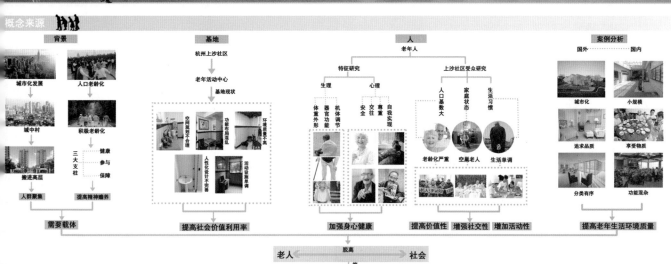

背景
- 城市化发展
- 人口老龄化
- 城中村
- 积极老龄化
- 搬进高层
- 三大支柱：健康 参与 保障
- 人群聚集
- 提高精神赡养
- 需要载体

基地
- 杭州上沙社区
- 老年活动中心
- 基地现状
- 空间规划不合理
- 功能布局混乱
- 环境设置不善
- 人性化设计不充善
- 活动设施单调
- 提高社会价值利用率

人
- 老年人
- 特征研究
  - 生理：体重、器官功能、机体调节、外形
  - 心理：安全、交往、尊重、自我实现
- 上沙社区受众研究
  - 人口基数大
  - 家庭状态
  - 生活习惯
  - 老龄化严重
  - 空巢老人
  - 生活单调
- 加强身心健康
- 提高价值性 增强社交性 增加活动性

案例分析
- 国外 国内
- 城市化 小规模
- 追求品质 享受物质
- 分类有序 功能混杂
- 提高老年生活环境质量

老人 ←脱离→ 社会
策略
互动式养老模式

## 设计思路

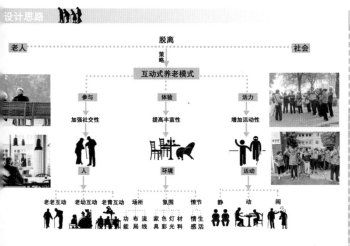

老人 ←脱离→ 社会
策略
互动式养老模式
- 参与 → 加强社交性 → 人：老老互动、老幼互动、老青互动
- 体验 → 提高丰富性 → 环境：场所、氛围、情节（功能布局流线、家具色彩灯材光科、情生感活）
- 活力 → 增加活动性 → 活动：静、动、闹

### 空间特征分析

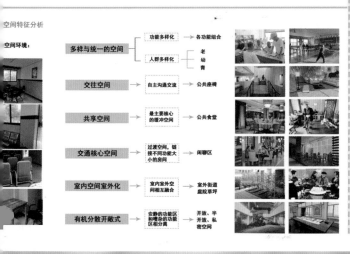

空间环境：
- 多样与统一的空间
  - 功能多样化 → 各功能组合
  - 人群多样化 → 老、幼、青
- 交往空间 → 自主沟通交流 → 公共座椅
- 共享空间 → 最主要核心的暖空间 → 公共食堂
- 交通核心空间 → 过渡空间，链接不同功能大小的房间 → 闲聊区
- 室内空间室外化 → 室内室外空间相互融合 → 室外街道庭院草坪
- 有机分散开敞式 → 安静的功能区和喧杂的功能区相分离 → 开放、半开放、私密空间

## 概念演绎

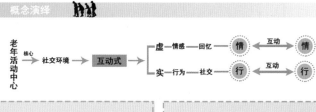

老年活动中心 → 社交环境 → 互动式
- 虚—情感—回忆—情 ←互动→ 情
- 实—行为—社交—行 ←互动→ 行

情 ←互动→ 情
互动式 → 营造 → 场景回忆 → 结合 → 城中村 → 情节 → 乡村院落
- 老：增加生活习惯、勾起往年回忆、回归自然（旧味）
- 青：缓解生活压力、体验生活美好、复古情怀（意味）
- 幼：带来乡村趣味、留下童年回忆、别样乡村（新意）
- 相互产生影响、相互产生回忆 → 目标 → 互动式养老模式

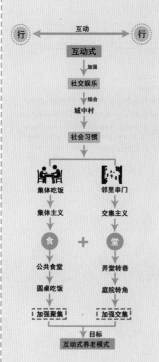

行 ←互动→ 行
互动式 → 加强 → 社交娱乐 → 结合 → 城中村 → 社会习惯
- 集体吃饭：集体主义 → 公共食堂、圆桌吃饭 → 加强聚集
- 邻里串门：交集主义 → 养堂转巷、庭院转角 → 加强交集
- 食 + 堂 → 目标 → 互动式养老模式

# 杭州上沙社区老年活动中心
# 互动式室内概念设计

## 平面布置图

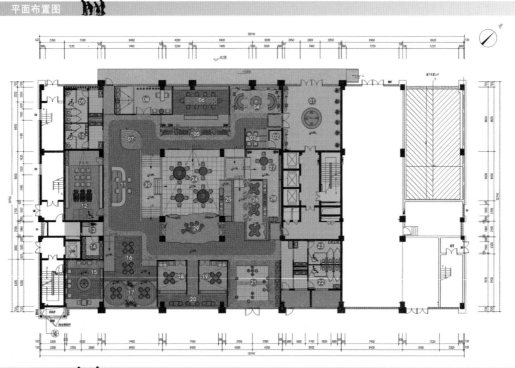

| 01 电梯中庭 | 16 开放棋牌区 |
| 02 前台休息间 | 17 包间棋牌室 |
| 03 前台咨询区 | 18 半开放棋牌室1 |
| 04 入门厅活动区 | 19 半开放棋牌室2 |
| 05 公共座椅区 | 20 象棋区 |
| 06 手工作坊间 | 21 休闲娱乐区 |
| 07 休闲聊天区 | 22 女卫生间 |
| 08 体检室（兼急救护站） | 23 男卫生间 |
| 09 女卫生间 | 24 公共食堂 |
| 10 男卫生间 | 25 自助厨房 |
| 11 护士服务站 | 26 闲聊区 |
| 12 影音活动室 | 27 闲聊饮食区 |
| 13 茶水间 | 28 公共厨房 |
| 14 储藏间 | 29 疗养景观区 |
| 15 阅览活动室 | 30 楼梯过道区 |

**参考意向图**

### 设计说明：

本次室内概念设计根据选择基地城中村背景，以情与情、行与行之间的互动式养老模式来打造一村院落式情节的老年活动中心，同时以食和堂为互落脚点，具体展开细节功能。

## 空间分析

### 流线导图

转化流线轨迹　改变内环流迹　增加支线流线

### 流线分析

回字形路　向心形路　网状形路
路线清晰　指向明确　路线复杂
发散视线　集中视线　转角廊道
加强聚合　加强交集　加强流动
互动式

### 平面流线图

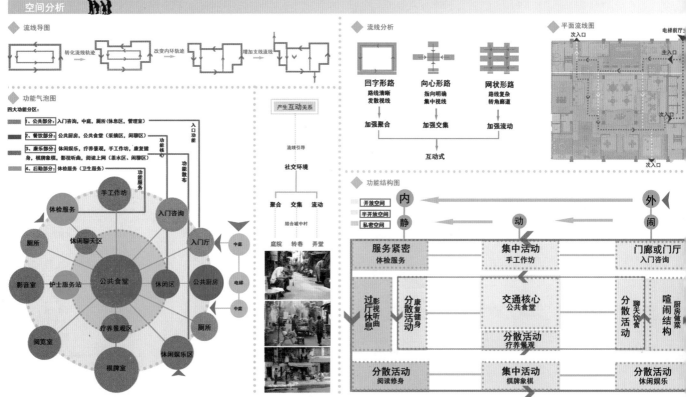

### 功能气泡图

**四大功能分区：**
1、公共部分：入门咨询、中庭、厕所（休息室、管理室）
2、餐饮部分：公共厨房、公共食堂（采购区、闲聊区）
3、康乐部分：休闲娱乐、疗养景观、手工作坊、康复健身、棋牌象棋、影视听曲、阅读上网（茶水区、闲聊区）
4、后勤部分：体检服务（卫生服务）

**产生互动关系**

入口功能
流线引导
社交环境
聚合　交集　流动
结合城中村
底院　转巷　弄堂

手工作坊　体检服务　入门咨询
厕所　休闲聊天区　入门厅　中庭
影音室　护士服务站　公共食堂　休闲区　公共厨房　电梯　中庭
疗养景观区　厕所
阅览室　休闲娱乐区
棋牌室

### 功能结构图

内　外
静　动　闹
开放空间　平开放空间　私密空间

| 服务紧密 体检服务 | 集中活动 手工作坊 | 门廊或门厅 入门咨询 |
| 过厅影视听曲 康复健身活动 | 交通核心 公共食堂 | 分散活动 聊天饮食 厨房做菜结构 喧闹结构 |
| | 分散活动 疗养景观 | |
| 分散活动 阅读修身 | 集中活动 棋牌象棋 | 分散活动 休闲娱乐 |

浙江理工大学　艺术与设计学院
浙江理工大学艺术与设计学院2017锦院设计专业毕业设计
题名：　　　　　　指导老师：杨小军

点分析

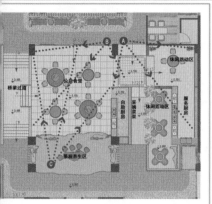

**B视线效果图**

### 情 元素提取

回忆,是人生的电池。

老人说:"以前,干完农活,大伙儿就集体吃饭,家家户户不管喜事丧事,都会搭棚自己办酒席,那场面。邻里邻舍在饭桌上总有聊不完的话题,那时候,吃饭的时候最开心啊。现在,生活好了,邻里走访少了。吃的好了,吃饭陪客少了。"

**色彩板:**

| | 安宁 |
| --- | --- |
| | 典雅 |
| | 温馨 |
| | 自然 |
| | 低调 |
| | 稳重 |

经研究表明:
柔和色彩对于老人缓解心理压力、身体心理治疗和恢复有明显的帮助。

制造场景 → 城中村村
回忆

**材料板:**

经研究表明,仿古砖防滑,且易给老人自然。"优美、稳静、亲切的情感补充。

就像小时候的街头 一个当时的社区
站在邻居家窗口 踮起脚尖伸直手臂

**顶面立面图:**

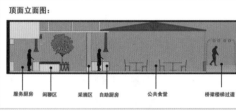

服务厨房 闲聊区 采摘区 自助厨房 公共食堂 桥梁楼梯过道

就能够触碰到他的指尖 忽而产生那熟悉的感觉
回忆里的人坐在大院子里
聊着隔壁家的趣事 似乎时间依旧

**B视线效果图**

### 行 概念衍生

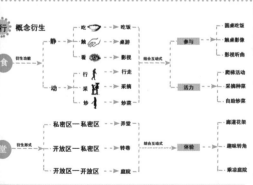

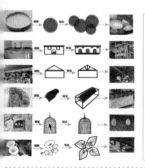

采摘种菜
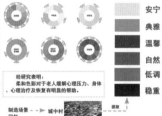

# 杭州上沙社区老年活动中心
## 互动式室内概念设计

**节点分析**

C视线效果图

参考尺寸：

餐桌活动尺寸：

坡道通行尺寸：

a.一部轮椅通行径900mm    b.轮椅与一人错位通行径1200mm    c.一人搀扶老人并行径1200mm

采菜、吃饭、看电影，大家都是围坐一起。

可升降屏幕，播放电影及养生知识

楼梯桥梁

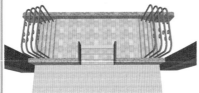

休闲娱乐区

增加活动趣味性：

结合

地面坐垫象棋运动    墙面可挂式坐垫

地面撤掉坐垫也可进行广场舞、太极健身活动。

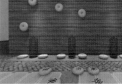

增加活动丰富性：

设置楼梯桥梁--▶强制性进行楼梯活动--▶增强心肺功能，还可以有效防治心肌疲劳和静脉曲张

设置单杠吊环--▶自发性进行单杠运动--▶使背部肌肉和骨骼都得到锻炼

影音活动室

增加活动多样性：

移动式座椅，可变化场地布置，变化功能活动。

原始（影音）    可变（上网）    可变（舞会）

## 节点分析

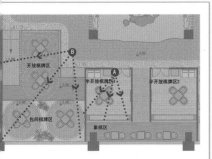

开放棋牌区

半开放棋牌区1　半开放棋牌区2

包间棋牌区　　象棋区

### A视线效果图

参考人体尺寸：

### SU模型顶视图：

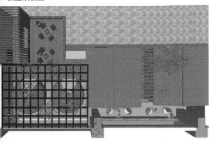

### 元素提取

提取　　结合＋　　转化

**社交娱乐**

◇ 多功能家具分析

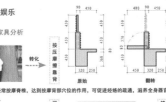

转化　　按压摩擦靠背

原始　　转化　　形成

双面坐增加互动

中老年人经常按摩脊椎，达到按摩背部穴位的作用，可促进经络的疏通，滋养全身器官。

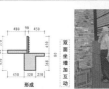

原始效果

翻转效果

◇ 墙面分析

转化　　可移动式砖块墙体

原始　　移动

镂空产生互动交流

几何拼图开发老人智力，包括注意力、观察力、想象力、学习、记忆、思维等。

转化　　涂鸦黑板

增进交流

黑板报情怀，涂鸦黑板成为家人、朋友间互相留言的情感交流处，儿童也可参与进来。

可移动式砖块墙体

涂鸦黑板

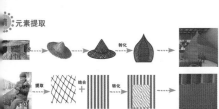

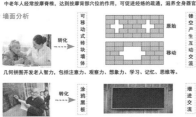

### B视线效果图

# 案例7：义乌市梅陇里研学主题景观规划提升

● 设计：金熙杰、陈子怡，指导老师：叶湄

# 克勤克俭·唯读唯耕

义乌市梅陇里研学主题景观规划提升

01 初识

梅陇里的环境真好，咱们去看看吧！！

# 克勤克俭·唯读唯耕

## 义乌市梅陇里研学主题景观规划提升

02 探究

### 规划策略

**背景研究**：村庄历史文化　目标人群定位　用地布局　景观空间　产业现状　研学基础

**基地分析**：未形成特色品牌　研学设施落后　传统文化活化难度大

研学课堂　实践探索　修复风貌　多元开展

**问题解析**：深化素质教育　锻炼独立能力　挖掘特色资源　促进产业转型

提高综合素质　助力乡村发展

**设计策略**：

现状产业综合评价　产学融合深入研究

生态维稳　产业焕活　网络多元　研学教育　片区发展

提升·融合　激活·体验　线上·线下　理论·实践　留存·拓展

**预期目标**：梅陇研学，诗画情　梅陇共享，田林情

**“互联网闭环”**

**村庄/村域研学主题旅游规划设计**

### 设计分区

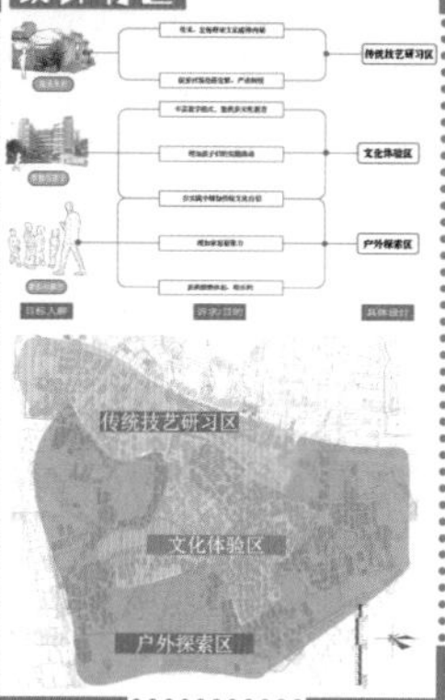


### 规划解析

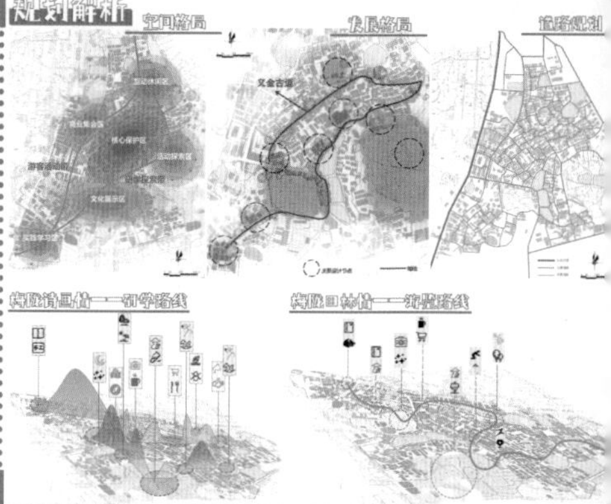


### 文脉更新

| 人群 | 需求 |
| --- | --- |
| 学生 | 多维度体验式教育，素质教育 |
| 游客 | 文化场景营造，网红打卡 |
| 村民 | 提高经济收入，提高幸福感 |
| 村镇 | 乡村振兴、全面小康、共同富裕 |

**学生**：安全保障机制建立　特色活动随机开展　丰富的文化与精神　线上+线下的联动　多维融合研学体验

**游客**：整体风格设计巧妙　数字勘测服务细节　交通便利居住安逸　趣味设施信息勘测　智慧诗逸乡村栖居

**村民**：生态维稳绿色环境　吸引青年回村创业　提升幸福感与经济　强化文化村落形象　联动周边村落发展

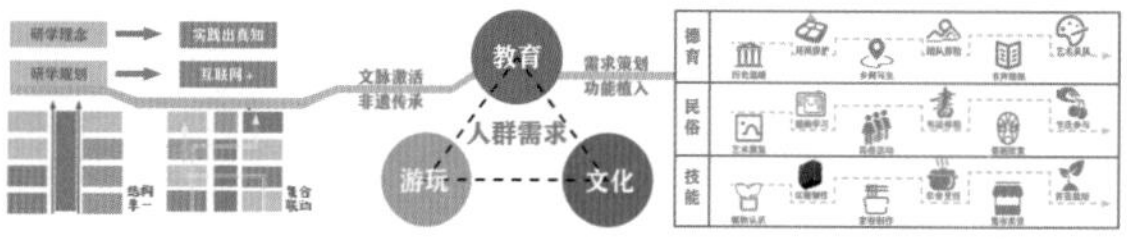


Step 推进智慧研学线上线下发展　信息化

Step 推进智慧研学平台搭建　便捷化

Step 推进智慧研学产业链设立　高效化

### 公共空间

公共空间更新　景观装置分析

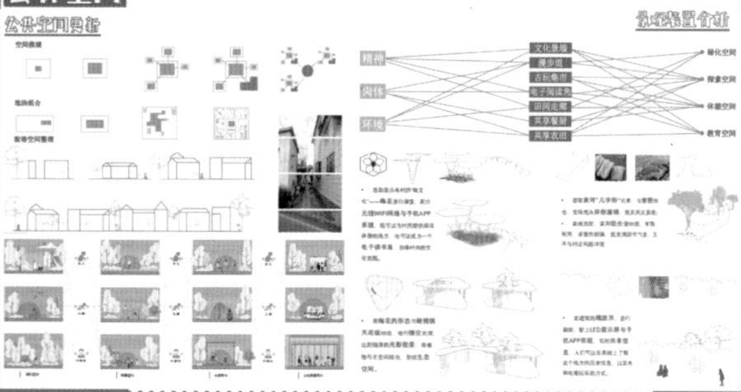

### 总平面图

01 红糖研学馆
02 白虎门厅
03 梅陇宗祠
04 孝忠祠
05 朱宏伟民宅
06 义金古道
07 党群活动中心
08 荣德堂
09 朱之锡故居
10 星空公园
11 游客服务中心
12 活力球场
13 田野瞭望台
14 农耕体验基地
15 池塘（养鱼花技艺）
16 集散广场
17 索粉基地
18 商业公房
19 水塘

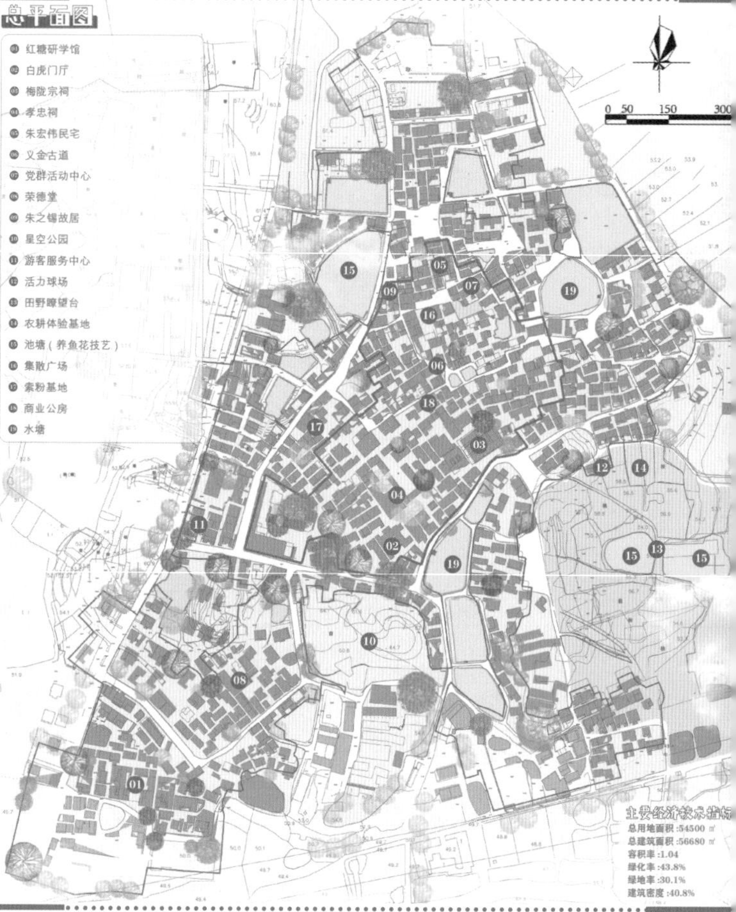


**主要经济技术指标**

总用地面积 :54500 ㎡
总建筑面积 :56680 ㎡
容积率 :1.04
绿化率 :43.8%
绿地率 :30.1%
建筑密度 :40.8%

### 活动设计

**街巷空间**　社交需求导向　满足村民和游客休闲娱乐、休息驻足使用

**田野空地**　学习需求导向　满足学生和游客学习体验、放松身心之用

**村内广场**　商业需求导向　满足村民和游客购物集会、民俗表演之用

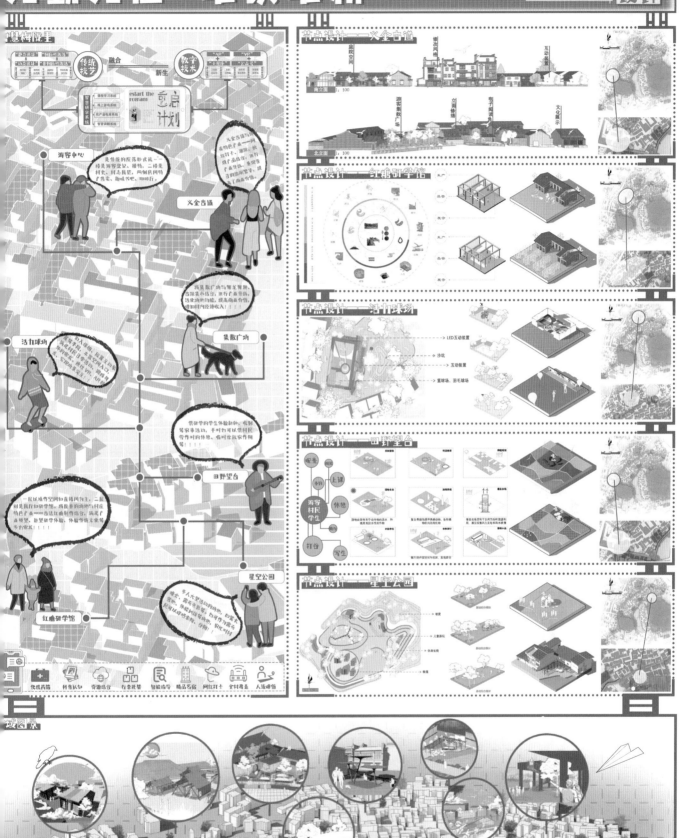

## 研学故事板

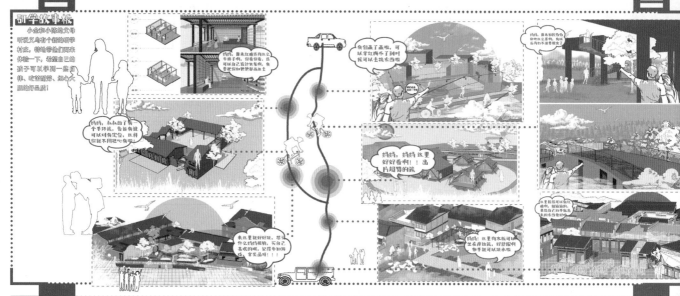

## 课程设计

## 直播课程

## 文娱在线

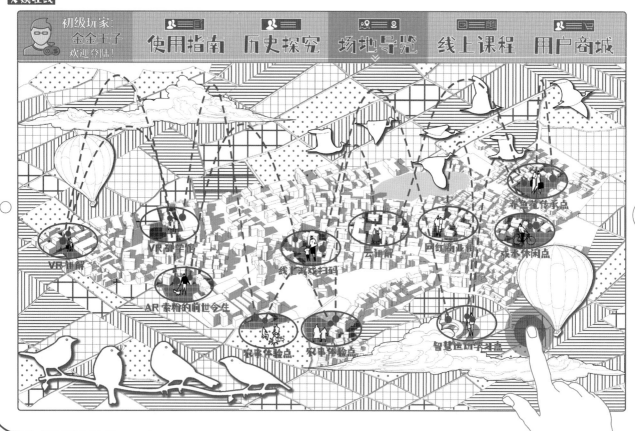

初级玩家：金金王子 欢迎登陆！

使用指南　历史探究　场地导览　线上课程　用户商城

# 案例 8：隐藏在高架之下的 smart 能量交互主题公园设计

● 设计：朱胤运、郑奥格、龚磊，指导老师：叶湄

自动压缩垃圾桶
可将垃圾桶满溢程度记于系统，便于路人投放时选择，以及管理者管理设施，及时更换。

碎片空间

城市 "灰空间"
*Urban" grey space*
隐藏在高架之下的smart能量交互主题公园
*Smart energy interactive theme park hidden under the elevated*

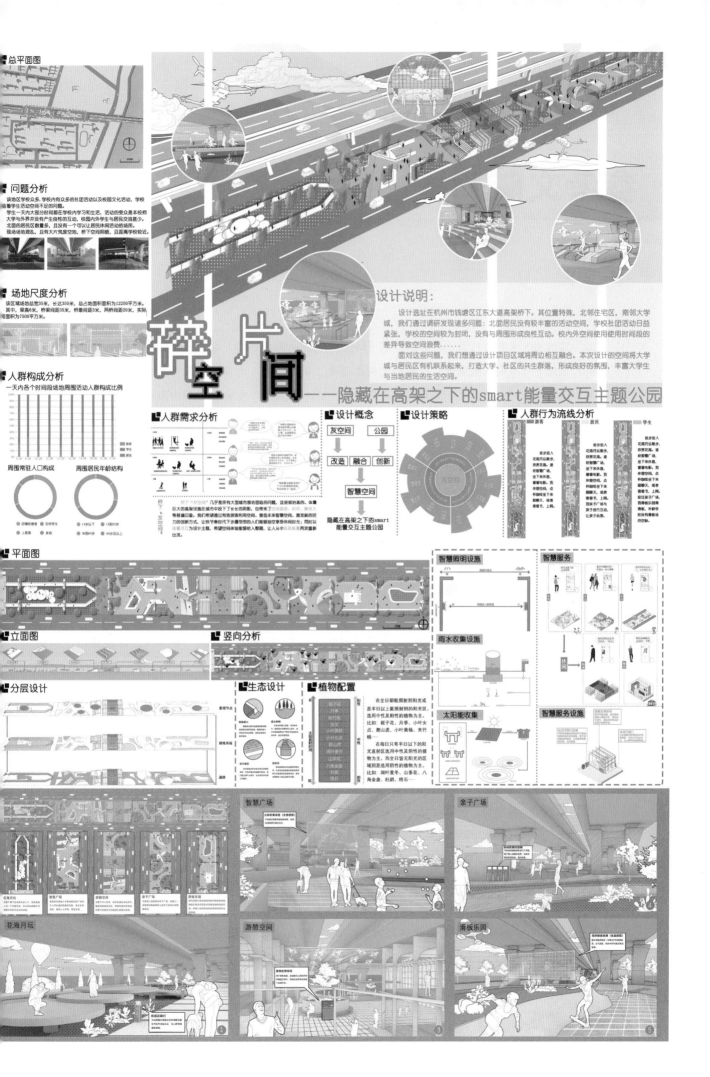

### 总平面图

### 问题分析

该地区学校众多，学校内有众多的社团活动以及校园文化活动，学校
伴着学生生活空间不足的问题。
学生一天大部分时间都在学校内学习和生活，活动的受众是本校师
大学与外界并没有产生良性的互动，校园内外学生与居民交流甚少。
北面的居民区数量多，且没有一个可以让居民休闲活动的场所。
现地地面积避免，且有大片荒废空地，桥下空间阴暗，且距离学校较近。

### 场地尺度分析

区区区域地总宽35米，长达350米，总占地面积为12250平方米。
其中，梁高6米，桥梁间距35米，桥墩间距3米，两桥间距20米，实际
用地面积为7500平方米。

### 人群构成分析

一天内各个时段段场地周围活动人群构成比例

周围常驻人口构成　　周围居民年龄结构

### 设计说明：

设计选址在杭州市钱塘区江东大道高架桥下。其位置特殊，北邻住宅区，南邻大学
城，我们通过调研发现诸多问题：北面居民没有较丰富的活动空间，学校社团活动日益
紧张，学校的空间极为封闭，没有与周围形成良性互动。校内外空间使用使用时间段的
差异导致空间浪费......
面对这些问题，我们想通过设计项目区域将周边相互融合。本次设计的空间将大学
城与居民区有机联系起来，打造大学、社区的共享群落，形成良好的氛围，丰富大学生
与当地居民的生活空间。

## 碎　片
## 空　间
### ——隐藏在高架之下的smart能量交互主题公园

### 人群需求分析

### 设计概念

灰空间　公园

改造　融合　创新

智慧空间

隐藏在高架之下的smart
能量交互主题公园

### 设计策略

### 人群行为流线分析

游客　　居民　　学生

### 平面图

### 立面图　　　竖向分析

### 分层设计

### 生态设计　植物配置

在全日都能照射到阳光或
是半日以上能照射到阳光区
日光。选用中性及阳性的植物为主。
比如：栀子花、月季、小叶女
贞、爬山虎、小叶黄杨、夹竹
桃......
在每日只有半日以下的阳
光直射区选用中性及阴性的植
物为主。而全日皆无阳光的区
域则选适用阴性的植物为主。
比如：阔叶麦冬、山茶花、八
角金盘、杜鹃、络日......

### 智慧照明设施　　　智慧服务

### 雨水收集设施

### 太阳能收集　　智慧服务设施

### 智慧广场　　　　　　　亲子广场

### 花海月坛　　　游憩空间　　　滑板乐园

# 参考文献

[1] [加] 艾瑞克·卡扎罗托著. 设计的方法 [M]. 张霄军, 褚天霞译. 北京: 人民邮电出版社, 2014.

[2] [英] 戴维·布莱姆斯顿编著. 产品概念构思 [M]. 陈苏宁译. 北京: 中国青年出版社, 2009.

[3] [美] 维克多·帕帕奈克著. 为真实的世界设计 [M]. 周博译. 北京: 中信出版社, 2012.

[4] [日] 佐藤大, 川上典李子著. 由内向外看世界 [M]. 邓超译. 北京: 时代华文书局, 2015.

[5] [美] 贝拉·马丁, 布鲁斯·汉宁顿著. 通用设计方法 [M]. 初晓华译. 北京: 中央编译出版社, 2013.

[6] [英] 伊丽莎白·伯顿, 琳内·米切尔著. 包容性的城市设计——生活街道 [M]. 费腾, 付本臣译. 北京: 中国建筑工业出版社, 2018.

[7] [丹麦] 扬·盖尔著. 交往与空间 [M]. 何人可译. 北京: 中国建筑工业出版社, 2002.

[8] [法] 古斯塔夫·勒庞著. 乌合之众 [M]. 亦言译. 北京: 人民邮电出版社, 2016.

[9] [韩] 罗建, 金宣我著. 日常生活中的设计 [M]. 吴阳译. 北京: 中信出版社, 2014.

[10] [美] M·艾伦·戴明, [新西兰] 西蒙·R·斯沃菲尔德著. 景观设计学 [M]. 陈晓宇译. 北京: 电子工业出版社, 2013.

[11] [美] 唐纳德·A·诺曼著. 设计心理学 4——未来设计 [M]. 丁云, 邬沛峰译. 北京: 中信出版社, 2015.

[12] [英] 安妮·切克, 保罗·米克尔斯威特著. 可持续设计变革 [M]. 张军译. 长沙: 湖南大学出版社, 2012.

[13] [美] 罗杰·特兰西克著. 寻找失落的空间——城市设计的理论 [M]. 朱子瑜, 等译. 北京: 中国建筑工业出版社, 2008.

[14] [英] 爱德华·德博诺著. 严肃的创造力 [M]. 袁冬坪译. 北京: 化学工业出版社, 2017.

[15] [德] 英格丽·葛斯特巴赫著. 设计思维的 77 种工具 [M]. 方怡青译. 北京: 电子工业出版社, 2020.

[16] 杨小军, 丁继军编著. 环境设计初步 [M]. 北京: 中国水利水电出版社, 2012.

[17] 杨小军, 宋拥军主编. 环境艺术设计原理 [M]. 北京: 机械工业出版社, 2010.

[18] 向海涛, 毛宸霞编著. 概念设计 [M]. 重庆: 西南师范大学出版社, 2014.

[19] 黄艺, 等编著. 景观设计概念构思与过程表达 [M]. 北京: 机械工业出版社, 2013.

[20] 陈立勋著. 设计的张力——设计思维与方法 [M]. 北京: 中国建筑工业出版社, 2012.

[21] 褚冬竹著. 开始设计 [M]. 北京: 机械工业出版社, 2007.

[22] 娄永琪, Pius Leuba, 朱小村编著. 环境设计 [M]. 北京: 高等教育出版社, 2008.

［23］ 韦自力，韦昱鑫，梁寒冰，等著. 空间概念设计［M］. 南宁：广西美术出版社，2008.

［24］ 白仁飞著. 创意设计思维与方法［M］. 杭州：中国美术学院出版社，2020.

［25］ 叶丹著. 设计思维与方法［M］. 北京：化学工业出版社，2021.

［26］ 叶强著. 概念设计［M］. 北京：中国建筑工业出版社，2012.

［27］ 夏燕靖编著. 艺术设计原理［M］. 上海：上海文化出版社，2010.

# "行水云课"数字教材使用说明

　　"行水云课"教育服务平台是中国水利水电出版社立足水电、整合行业优质资源全力打造的"内容"＋"平台"的一体化数字教学产品。平台包含高等教育、职业教育、职工教育、专题培训、行水讲堂五大版块，旨在提供一套与传统教学紧密衔接、可扩展、智能化的学习教育解决方案。

　　本套教材是整合传统纸质教材内容和富媒体数字资源的新型教材，它将大量图片、音频、视频、3D 动画等教学素材与纸质教材内容相结合，用以辅助教学。读者可通过扫描纸质教材二维码查看与纸质内容相对应的知识点多媒体资源，完整数字教材及其配套数字资源可通过移动终端 APP、"行水云课"微信公众号或中国水利水电出版社"行水云课"平台查看。

　　扫描下列二维码可获取本书课件。